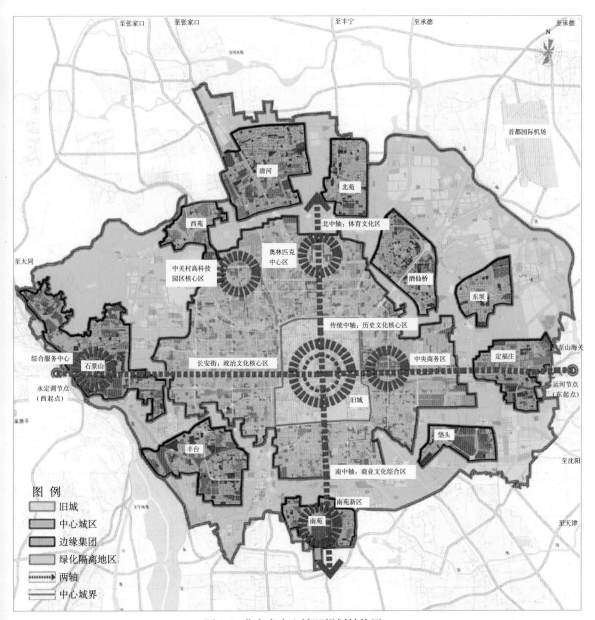

图 1-4 北京市中心城区规划结构图

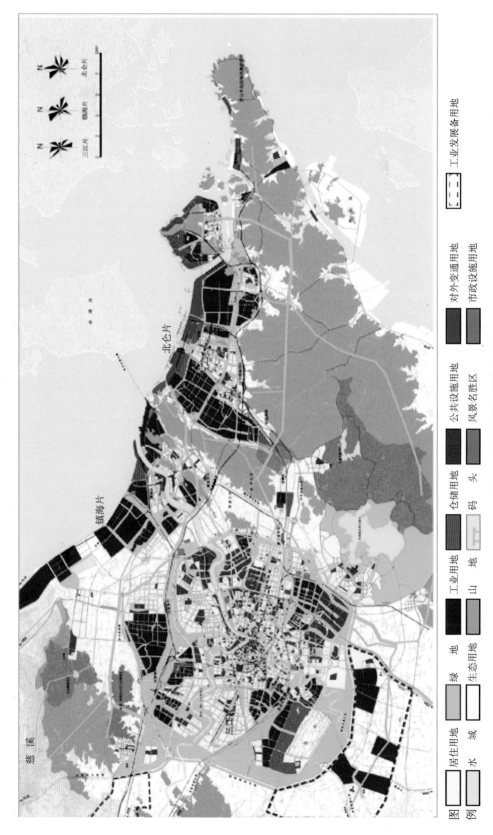

图 1-6 宁波市城市总体布局图

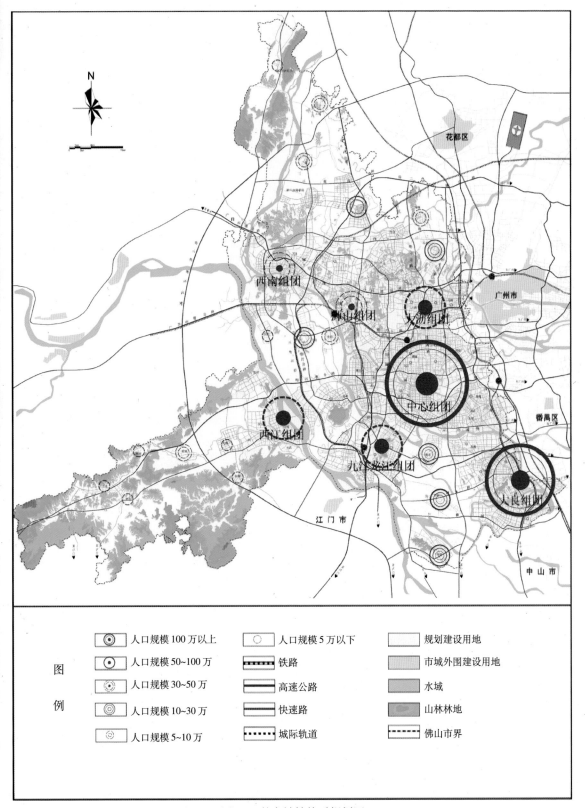

图 4-2 某市城镇体系规划图

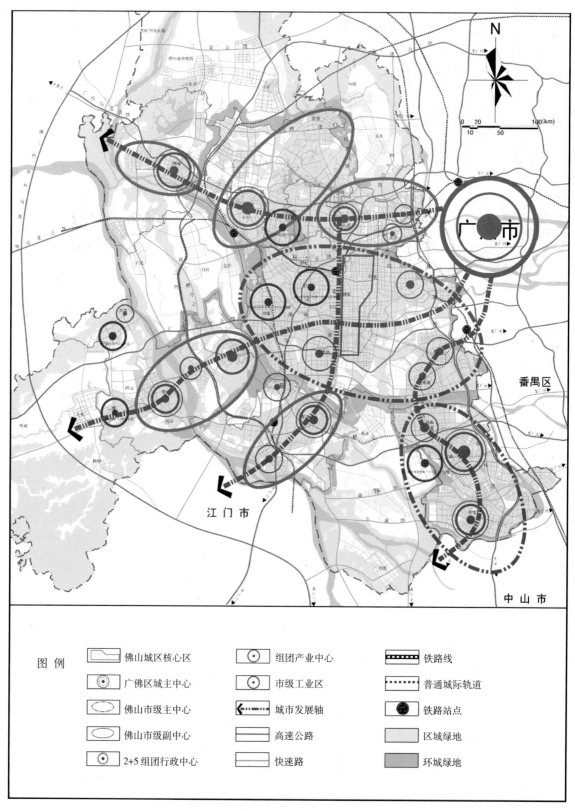

图例

图例		
佛山城区核心区	组团产业中心	铁路线
广佛区域主中心	市级工业区	普通城际轨道
佛山市级主中心	城市发展轴	铁路站点
佛山市级副中心	高速公路	区域绿地
2+5组团行政中心	快速路	环城绿地

图4-3 某市中心城区空间布局结构图

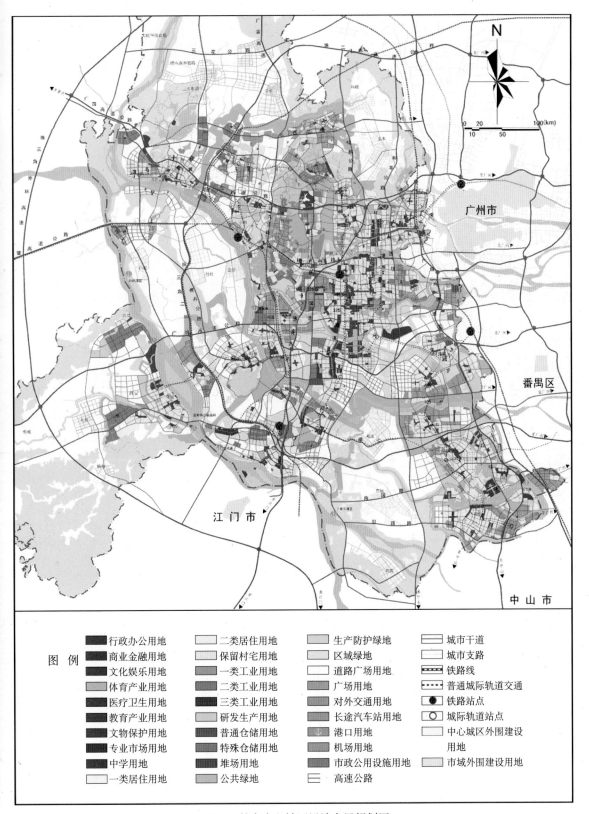

图 4-4 某市中心城区用地布局规划图

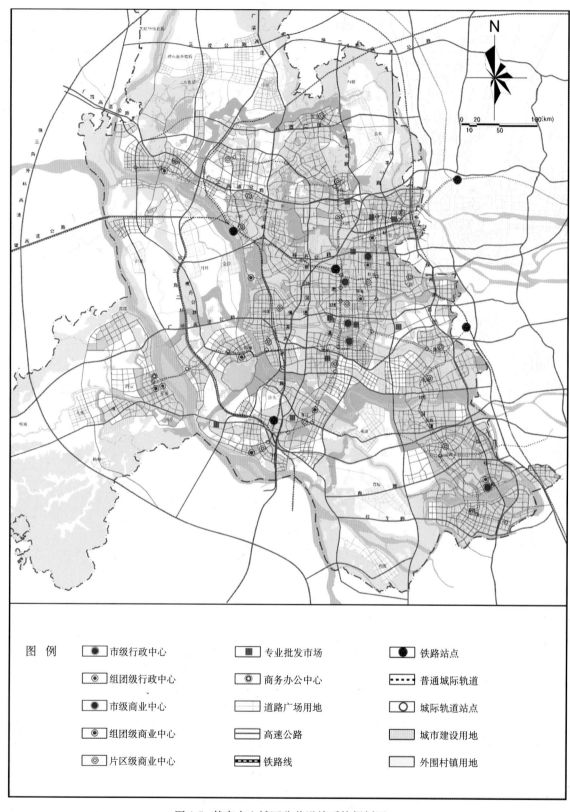

图 例
市级行政中心　　　　　专业批发市场　　　　　铁路站点
组团级行政中心　　　　商务办公中心　　　　　普通城际轨道
市级商业中心　　　　　道路广场用地　　　　　城际轨道站点
组团级商业中心　　　　高速公路　　　　　　　城市建设用地
片区级商业中心　　　　铁路线　　　　　　　　外围村镇用地

图 4-5　某市中心城区公共设施系统规划图一

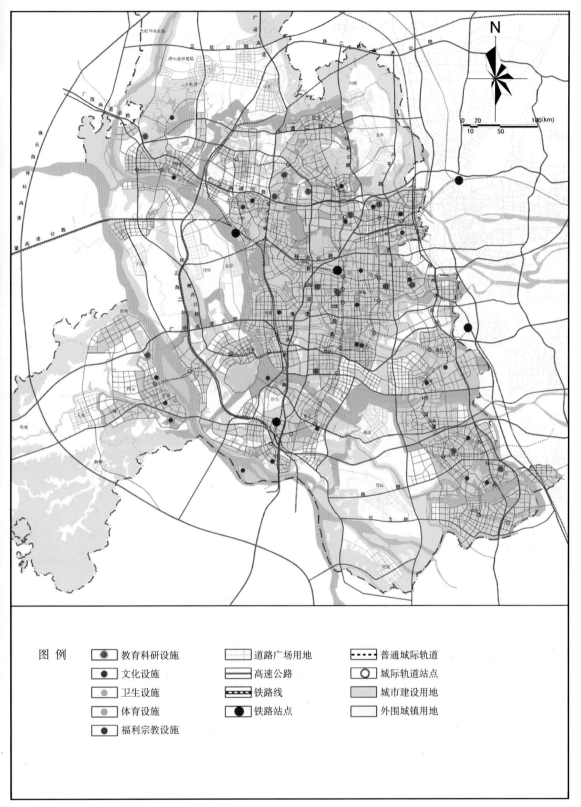

图 例
　教育科研设施　　　道路广场用地　　　普通城际轨道
　文化设施　　　　　高速公路　　　　　城际轨道站点
　卫生设施　　　　　铁路线　　　　　　城市建设用地
　体育设施　　　　　铁路站点　　　　　外围城镇用地
　福利宗教设施

图4-6　某市中心城区公共设施系统规划图二

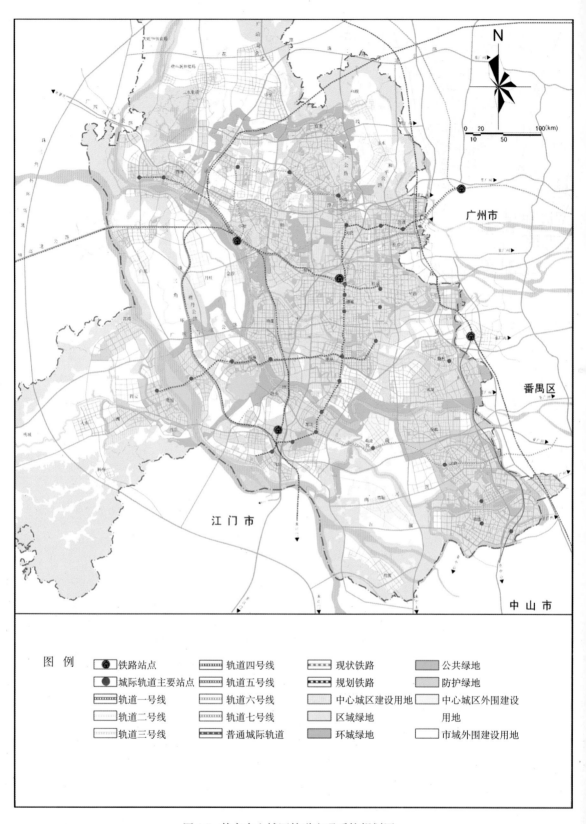

图 4-7 某市中心城区轨道交通系统规划图

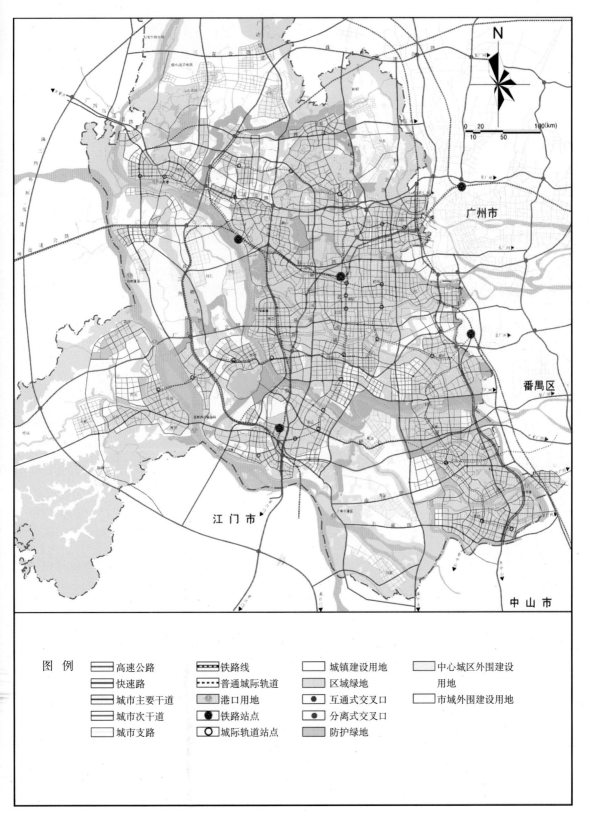

图例

高速公路	铁路线	城镇建设用地	中心城区外围建设用地
快速路	普通城际轨道	区域绿地	
城市主要干道	港口用地	互通式交叉口	市域外围建设用地
城市次干道	铁路站点	分离式交叉口	
城市支路	城际轨道站点	防护绿地	

广州市

番禺区

江门市

中山市

图4-8 某市中心城区道路系统规划图

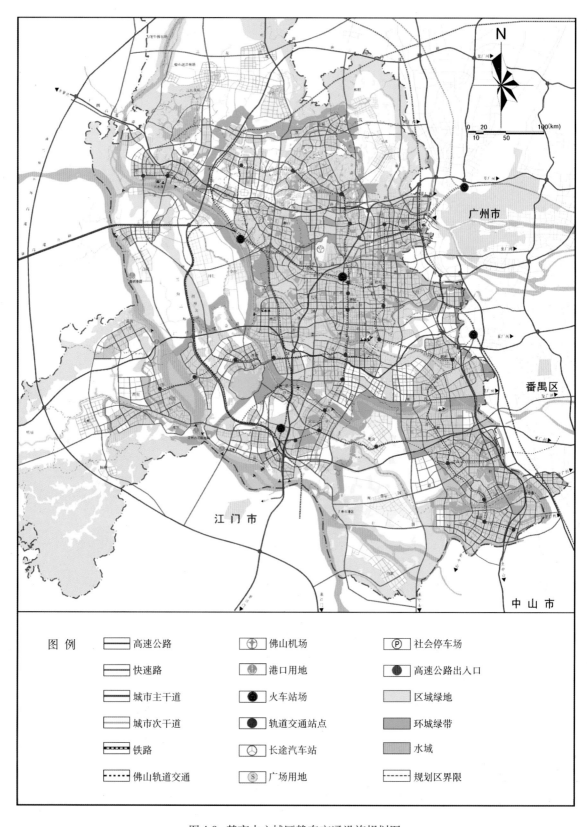

图 4-9　某市中心城区静态交通设施规划图

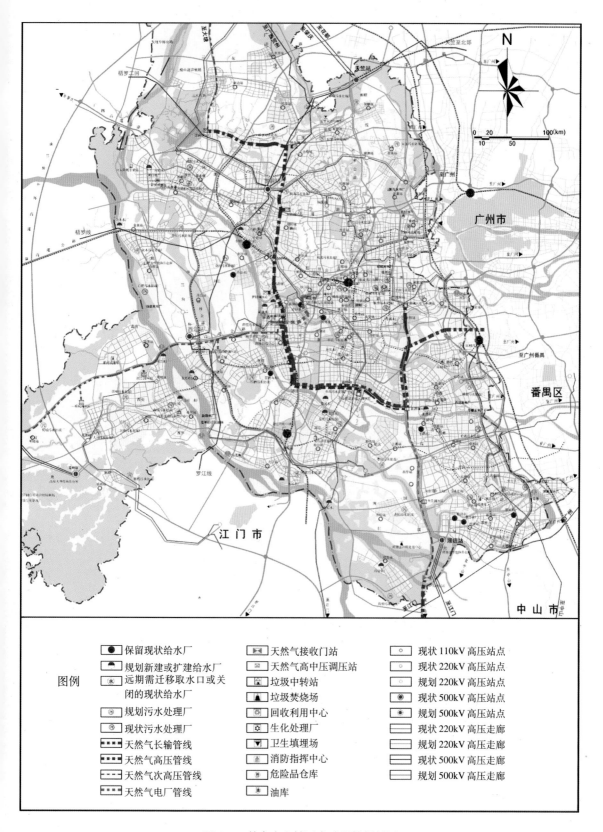

图例

保留现状给水厂	天然气接收门站	现状110kV高压站点
规划新建或扩建给水厂	天然气高中压调压站	现状220kV高压站点
远期需迁移取水口或关闭的现状给水厂	垃圾中转站	规划220kV高压站点
规划污水处理厂	垃圾焚烧场	现状500kV高压站点
现状污水处理厂	回收利用中心	规划500kV高压站点
天然气长输管线	生化处理厂	现状220kV高压走廊
天然气高压管线	卫生填埋场	规划220kV高压走廊
天然气次高压管线	消防指挥中心	现状500kV高压走廊
天然气电厂管线	危险品仓库	规划500kV高压走廊
	油库	

图 4-10 某市中心城区市政设施规划图

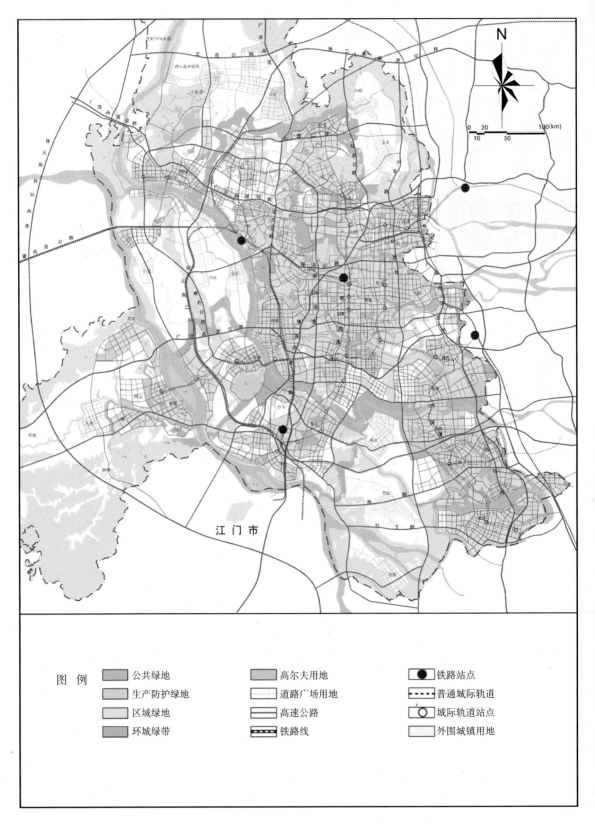

图例

公共绿地	高尔夫用地	铁路站点	
生产防护绿地	道路广场用地	普通城际轨道	
区域绿地	高速公路	城际轨道站点	
环城绿带	铁路线	外围城镇用地	

图 4-11 某市中心城区绿地系统规划图

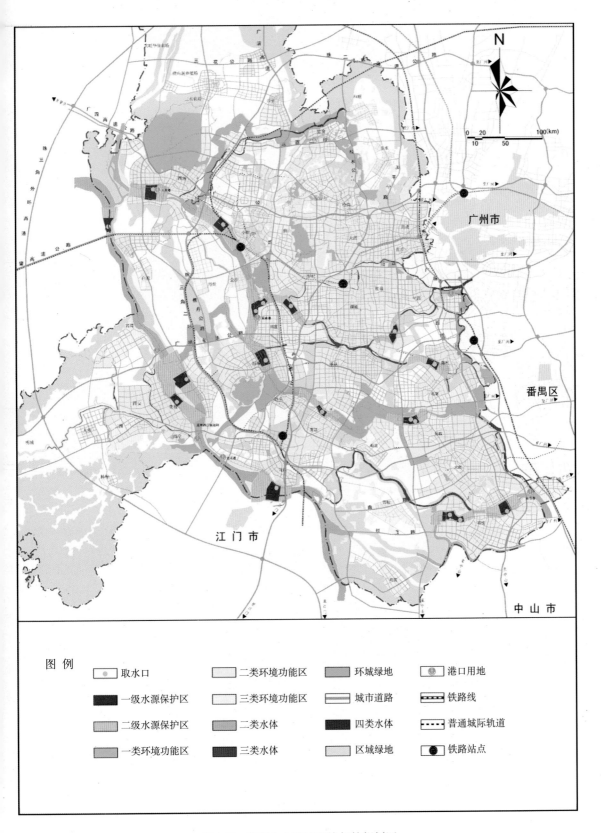

图 4-12 某市中心城区环境保护规划图

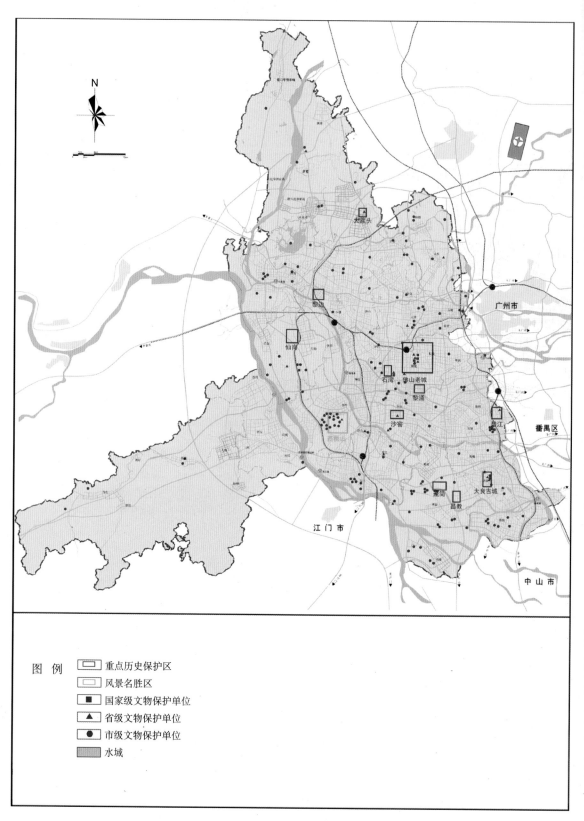

图 4-13　某市历史文化名城保护规划图

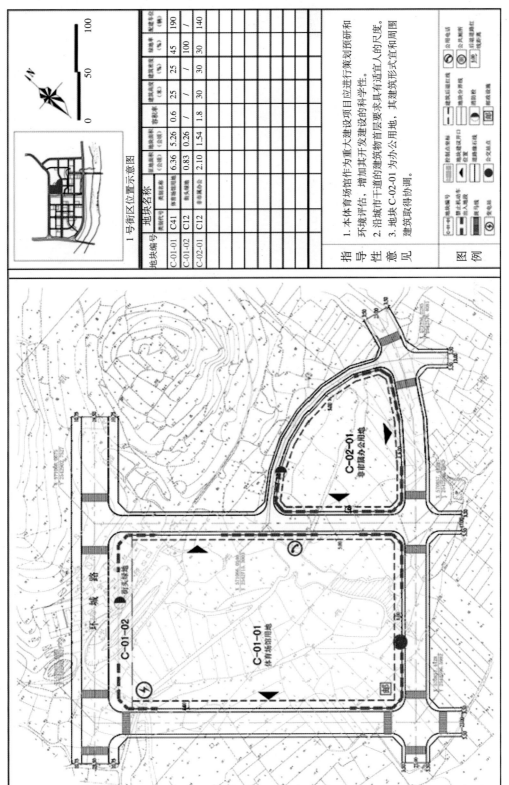

1号街区位置示意图

地块编号	用地代号	用地名称	用地面积（公顷）	总建筑面积（公顷）	容积率	建筑密度（%）	绿地率（%）	配建车位（辆）
C-01-01	C41	体育场馆用地	6.36	5.26	0.6	25	45	190
C-01-02	C12	街头绿地	0.83	0.26	/	/	100	/
C-02-01	C12	商业办公	2.10	1.54	1.8	30	30	140

指导性意见

1. 本体育场馆作为重大建设项目应进行策划预研和环境评估，增加其开发建设的科学性。
2. 沿城市干道的建筑物首层要求具有适宜人的尺度。
3. 地块C-02-01为办公用地，其建筑形式宜和周围建筑取得协调。

图例

图 4-14　某街区控制性详细规划分图则

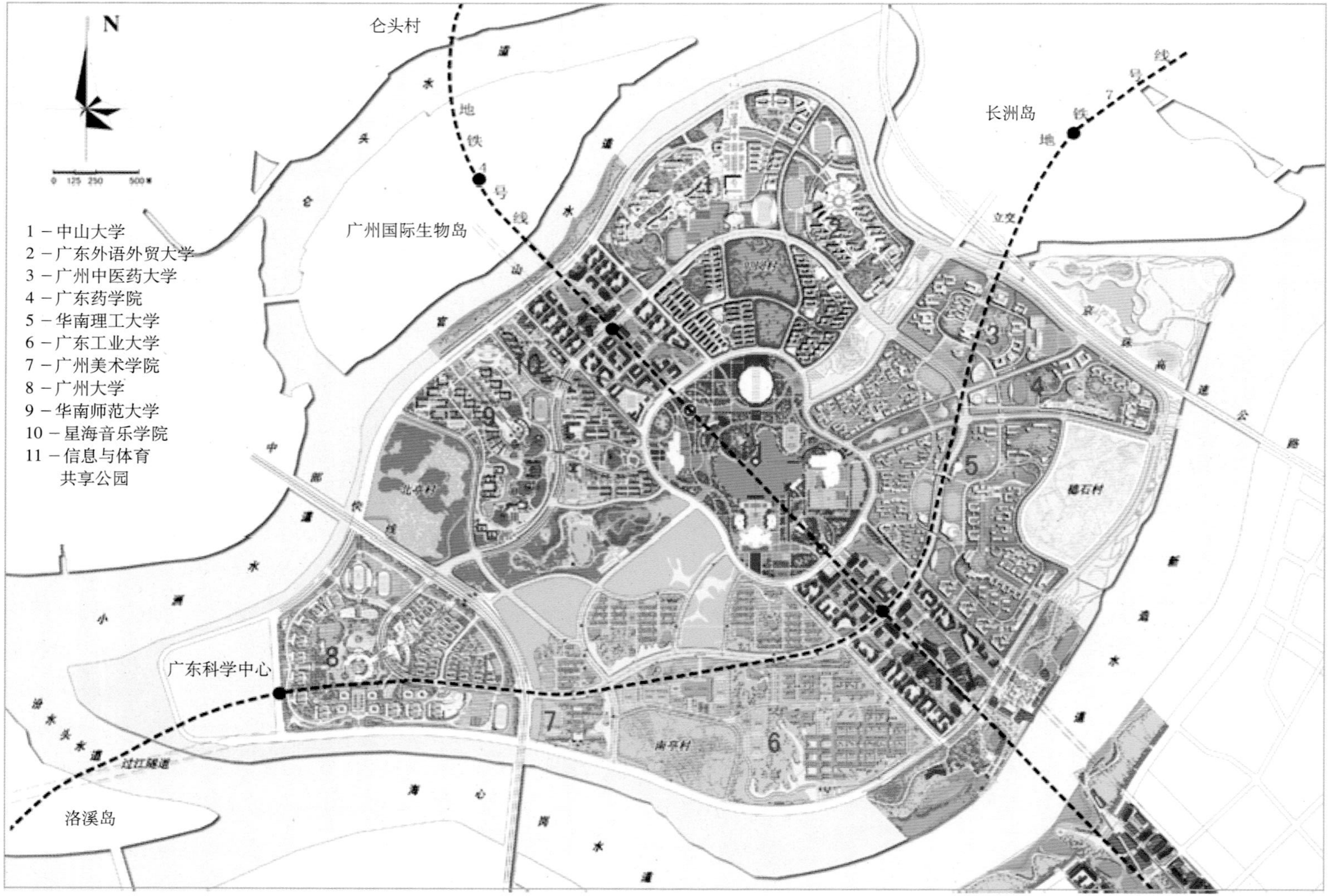
N
0 125 250 500米
1 －中山大学
2 －广东外语外贸大学
3 －广州中医药大学
4 －广东药学院
5 －华南理工大学
6 －广东工业大学
7 －广州美术学院
8 －广州大学
9 －华南师范大学
10 －星海音乐学院
11 －信息与体育
共享公园
仑头村
长洲岛
广州国际生物岛
广东科学中心
洛溪岛
地铁4号线
地铁7号线
立交
过江隧道

图 4-15　某大学区修建性详细规划总平面图

高校建筑学与城市规划专业教材

城 市 规 划 概 论

华中科技大学　陈锦富　编著

中国建筑工业出版社

图书在版编目（CIP）数据

城市规划概论/华中科技大学　陈锦富编著. —北京：
中国建筑工业出版社，2005
高校建筑学与城市规划专业教材
ISBN 978-7-112-07842-4

Ⅰ. 城… Ⅱ. 华… Ⅲ. 城市规划-概论-高等
学校-教材　Ⅳ. TU984

中国版本图书馆 CIP 数据核字（2005）第 129319 号

本书为城市规划、风景园林、土木建筑、环境艺术、环境工程、公共
管理等专业及其相近、相关专业的一门通用教材。其内容分 5 章 22 节阐
述，涉及城市的形成与发展，城市规划的基本概念，城市规划的工作内
容，城市规划的制定与实施管理及城市规划术语等。

通过对本课程的学习，学生能够对城市规划工作有一个基本的、全面
的认识和了解。

*　　*　　*

责任编辑：王玉容
责任设计：崔兰萍
责任校对：刘　梅　张　虹

高校建筑学与城市规划专业教材
城 市 规 划 概 论
华中科技大学　陈锦富　编著
*
中国建筑工业出版社出版、发行（北京西郊百万庄）
各地新华书店、建筑书店经销
北京建筑工业印刷厂印刷
*
开本：787×1092毫米　1/16　印张：9½　插页：8　字数：237千字
2006年1月第一版　　2019年1月第二十四次印刷
定价：**25.00元**
ISBN 978-7-112-07842-4
(20911)

编 者 的 话

当前高等院校本科教学改革的主要趋势是通识教育和专才教育相结合。在低年级阶段，对相近、相关专业开展通识教育，在高年级阶段，针对特定专业开展专才教育。本书正是为适应这一教学改革的需要，作为城市规划、风景园林、土木建筑、环境艺术、环境工程、公共管理等专业及其相近、相关专业的一门通识课程而编写的。内容涉及城市的形成与发展，城市规划的基本概念，城市规划的工作内容，城市规划的制定与实施管理及城市规划术语等方面。编者期望，有关学生通过对本课程的学习，能够对城市规划工作有一个基本、全面的认识和了解，并能将本课程的内容与各专业的特点结合起来学习，达到融会贯通的目的。

为适应不同专业使用的需要，本教材采取了模块式的组成结构。第一章（城市的形成与发展）和第二章（城市规划的基本概念）为所有专业的必讲内容；第三章（城市规划的工作内容）是城市规划专业必讲的内容，而其他专业则可以在其中选择相关节讲授；第四章（城市规划的制定与实施）为城市规划专业与公共管理专业必讲的内容，而其他专业则可以在其中选择相关节讲授；第五章（城市规划术语）是城市规划专业必讲的内容，但其他专业可以在其中选择有关内容讲授。

本教材的编写是在作者近年来对城市规划专业开设的《城市规划概论》课程讲义的基础上，结合其他相关、相近专业的需要形成的。作者一边授课、一边调整完善教材内容，历时近三年，终于付梓。本教材的最终形成与许多人的关心、帮助和参与是分不开的。

编写过程中，借鉴、参考了目前已公开出版的大量书籍、刊物、互联网上的相关内容，书后列出了主要参考文献清单，大量的论文等未能详细列出，因涉及面较广，不能一一与相关作者取得联系，在此向被借鉴、参考的有关内容的作者表示感谢。

华中科技大学建筑与城市规划学院有关领导始终关心与支持本教材的编写，有关教师黄亚平、王国恩、陈征帆、万艳华等为本教材的编写提出了许多有益的建议，在此向他们表示感谢。

刘佳宁、王瀚、夏固萍、张敏、刘光虹、陈锦红等同志参与了资料的收集整理和插图的处理工作，在此向他们表示感谢。

最后还要感谢王玉蓉副编审，因为她的支持与鼓励，才有本教材的最终出版。

目　　录

第一章 城市的形成与发展

第一节 城市的形成

在人类社会300多万年的历史发展过程中，经历了原始社会、奴隶社会、封建社会、资本主义社会和社会主义社会等历史时期，城市作为一种区别于农村的聚落，是在由原始社会向奴隶社会过渡的时期产生的。人类社会劳动大分工是城市产生的根本动因。城市的产生与人类技术的进步和阶级的形成是密不可分的。

一、人类社会第一次劳动大分工与原始聚落的出现

考古学上将原始社会时期划作石器时代，原始人主要使用石制工具进行劳动。根据石器制造技术的进步情况，原始社会时期经历了旧石器时代、中石器时代和新石器时代三个漫长的阶段。旧石器时代相当于人类历史上从原始群到母系氏族公社出现的时期，经历了大约二三百万年。在旧石器时代，人类流徙于热带、亚热带森林和湖岸边，过着完全依附于自然的狩猎与采集生活，基本上居无定所，其临时栖居的方式为穴居和巢居。穴居多发生于干燥的高地、山林地区之中。巢居多发生在近水、潮湿地区之中。

到了新石器时代，人类在长期的采集劳动实践中，逐渐发现了一些植物的生长规律，并摸索到栽培的方法，同时开始使用经过磨光或钻孔加工的工具，从而产生了原始农业。在长期的狩猎劳动实践中，发现一些动物是可以驯化成家畜的，于是开始出现了原始畜牧业。

历史上将由"采集"和"狩猎"向原始农业和原始畜牧业的演进，称作人类社会第一次劳动大分工。原始农业和原始畜牧业的出现，使人类能够通过自身的劳动来增加动植物的生产，生活有了保障，人口不断增长，开始过着比较安定的生活。到新石器时代的后期，开始出现固定的原始聚落。原始聚落的出现是人类社会第一次劳动大分工的产物。经济学又将农业从采集和狩猎中分离出来的过程称作第一次产业革命，即农业革命。

早期的原始聚落多发育于自然资源较为优越的地区，大都靠近河流、湖泊，那里有丰富的水源、肥沃的土地，适于耕作，宜于居住。中国的黄河中下游、埃及的尼罗河下游、西亚的两河（幼发拉底河，底格里斯河）流域，是农业发达最早的地区，在那里最早出现原始农村聚落。

原始聚落一般选址在近水的二级阶地或向阳坡地上，便于取水，利于卫生。聚落内建筑成群、成片，有一定的功能分区。从已发掘的中国西安半坡村遗址可以看出，原始聚落已经有简单的功能分区：在遗址范围内，住宅群位于中心，被河流和壕沟所包围；壕沟外围，东部为烧制陶器的窑址，北部为集中的墓葬地（图1-1、图1-2）。

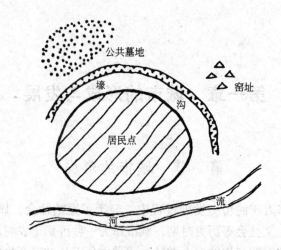

图1-1　西安半坡村遗址平面示意图

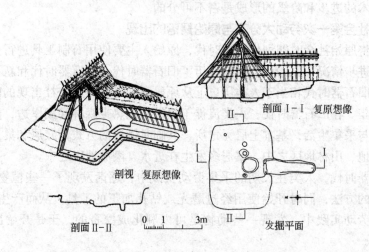

图1-2　西安半坡村原始住房示意图

二、人类社会第二次劳动大分工与城市的出现

当农业生产力的提高产生了剩余产品，人们需要进行剩余产品的交换，于是产生了私有制，出现了劳动分工。此时，商业和手工业从农牧业中分离出来，商业和手工业的聚集地逐渐发展成为城市。所以，最早的城市是人类社会第二次劳动大分工的产物，出现在从原始社会向奴隶社会的过渡时期。在人类文明的各个发祥地，尽管城市产生的年代有先有后，但城市产生的历史过程几乎是相同的。

发达的农业（生产力的发展）是城市产生的必要条件，但不是充分条件。这些充分条件中，可能包括人类文明的其他产物：分阶层的社会，所有权的不平等，宗教、政治国家的出现等等。

随着私有财产的产生，社会成员贫富分化的现象开始出现。一些氏族公社成员，特别是公社的首领，利用自身的地位和权能，积累越来越多的财富而成为富人，进而成为奴隶主。而许多公社成员则成为穷人，继而沦为奴隶。于是社会分化成为主人和奴隶，剥削者和被剥削者两大对立的阶级，最终导致奴隶制国家的出现。奴隶主阶级为了保护自身的生命财产安全，开始在其居住地周围筑城防卫，正所谓"筑城以卫君，造郭以守民"。这一历史过程在古籍《礼记·礼运》中有对比分析："今大道既隐，天下为家，各亲其亲，各子其子，货力为己，大人世及以为礼，城廓沟池以为固"。这段话精辟地分析了原始社会向奴隶社会演变时的社会变迁，以及城市产生的根源和作用。而在此之前的原始社会则是另一番情形："大道之行也，天下为公，选贤与能，讲信修睦，故人不独亲其亲，不独子其子，使老有所终，壮有所用，幼有所长，鳏、寡、孤、独、废疾者皆有所养。男有分，女有归，货恶其弃于地也，不必藏于己，力恶其不出于身也，不必为己。是故谋闭而不兴，盗窃乱贼而不作，故外户不闭，是谓大同"。

古希腊哲学家亚里斯多德认为，人们为了安全来到城市，为了美好的生活聚居于城市（Man come together in cities for security, they stay together for the good life）。

如此看来，城市的出现是与安全防卫需要分不开的。原始城市是有着明确边界（"城"City Wall）的聚落形式。

文字、宗教以及礼制等级制度的出现，对城市的产生也起了重要作用，促使城市成为社会政治、文化的中心。原始宗教以虚幻的内容和膜拜的形式，在维系族群关系中发挥着重要的精神作用，随着阶级的出现和统治的需要，宗教又与政治权力结合在一起，用来维护和推动政治统治。阶级的分化，逐渐形成了以阶层为划分的礼制等级制度，这一制度成为维护社会秩序和支配社会生活的准则，同时也成为城市空间布局的理论基础。

城市的出现促成人类聚落的分化，作为城市的聚落逐渐成为一定地域的政治、经济、文化中心，城市以外的聚落逐渐转化为乡村，城乡差别开始形成。在城乡矛盾中，城市一直居于主导地位，在社会经济发展中处于支配地位，推动着社会经济的发展，城市是人类文明进步的重要标志。

世界上第一个城市的诞生肯定远早于有文字记载的第一个城市，我们只能透过考古学和神话学这些非直接的证据来找到一些根据。城市最早出现的地域可能主要分布在中国的黄河、长江流域的中下游，西亚的两河流域，埃及的尼罗河下游等（图1-3）。

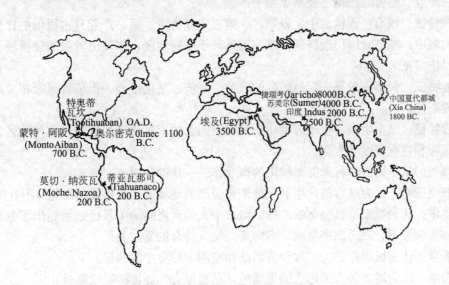

图1-3 城市最早出现的可能位置

目前所知人类历史上最早的城市出现在公元前 4000 年左右的西亚两河流域的苏美尔（Sumer）地区。该地区的第一座城市名叫伊瑞杜（Eridu），是一个容纳有数千人房屋的城市。到公元前 3500 年，苏美尔拥有 15 到 20 个城市，诸如乌尔（Ur）、伊来斯（Erech）等。乌尔的用地规模达到了 $4km^2$，人口近 5 万人。在这些用城墙包围的城市里，房屋的大小不一，都显示出居民是有阶级和权力差别的。这个社会的金字塔是由底层的农民和奴隶，中层的管理者和军人，顶层的统治官员和祭司构成。城中有高大而精致的高台庙宇，并且讲究准确的坐落方位，显示出对宇宙的崇拜。城市首先是一个宗教圣地，城市又是一个货物集散地、军事堡垒和统治中心。

目前所知中国的城市最早出现在新石器时代的晚期，大约在公元前 4000 年～前 2000 年间，相当于从传说中的黄帝时代，经尧、舜、禹直到夏朝的前期，共发现史前时期的古城 50 余座。湖南澧县城头山城址为中国目前发现的最早的史前城址，城墙约从公元前 4000 年到公元前 2800 年经过四次筑造。郑州西山城址始建和使用年代约在公元前 3300 年至公元前 2800 年；考古工作者在对洛阳偃师二里头遗址的发掘中，发现了一座距今约 4000 余年的大型古代宫城，这是迄今可以确认的中国最早的宫城。

第二节　城市的概念

一、城市的概念

城市（City）是与乡村（Countryside）相对的概念，城市是由乡村聚落（Village）发展而来的新的聚落。城市聚落是人类聚居的一种形式。我们可以从对城市与乡村的不同特征的分析来理解城市。

城市与乡村的主要差别：

人口特征：城市具有比乡村更高的人口密度和更大的人口规模，城市居民主要从事第二、第三产业，乡村居民则主要从事第一产业。

经济特征：城市产业构成中，以第二、第三产业为主，第一产业只占很低的比例。在一定的地域中，城市对国民经济的贡献率远远高于乡村地区，体现出较强的规模经济特征和聚集经济特征。

职能特征：城市一般是一定地域内的政治、经济、文化中心，担负着国家相应层级的行政管理职能。

建设特征：城市生产、生活等物质要素在空间上的聚集强度远远超过乡村地区，体现在建设规模和建设密度等方面。

下面我们从不同的学科角度对城市的概念作进一步的分析：

经济地理学：认为城市的产生和发展是与劳动的地域分工的出现和深化分不开的。

社会学：认为城市是社会化的产物，城市中人与人之间的关系已远远超出了乡村地区的血缘和亲缘关系，表现出多层次、多向度，交叉叠合的复杂关系。

经济学：认为城市存在人口和经济活动在空间上的集中的特征。

生态学：认为城市是人工建造的聚居地，是当地自然环境的组成部分。

城市规划学：认为城市是各种物质要素和人文社会要素在空间上的聚集。

二、城市的设置标准

人类聚落有大有小，千差万别，哪些属乡村聚落，哪些属城市聚落，其根本的判断依据应该是这些聚落所具备的属性特征。而这些属性特征中，最为关键的是经济特征和职能特征。具备城市经济特征和职能特征的聚落就应该设置为城市。

世界各国的城市设置标准差异很大，中国的城市设置标准综合了人口规模、人口密度、城市功能及非农产业发达程度等多方面因素。

（一）中国设市标准（1993 年国务院批准试行）

根据《中华人民共和国城市规划法》的界定，建制镇因其具备城市的某些本质特征，故将其划作城市的范畴。

1. 设立建制镇标准

凡县政府所在地一般均可设镇。

总人口在 2 万人以下的乡，乡政府驻地非农业人口超过 2000 人。或总人口在 2 万人以下的乡，乡政府驻地非农业人口占全乡总人口 10% 以上。乡政府所在地可设镇。

2. 设立县级市标准

我国人口众多，城市的设立标准，不可能仅仅考虑人口因素，同时还要考虑经济、社会发展的总体水平和地域差别（表 1-1）。

设立县级市标准　　　　　　　　　　　　　　　　　　　　　　表 1-1

	人口密度（人/km²）	>400	100~400	<100
县政府驻地镇	非农业人口（万人）	12	10	8
	其中具有非农业户口人口（万人）	8	7	6
	自来水普及率（%）	65	60	55
	道路铺装率（%）	60	55	50
	城区基础设施较完善、排水系统好			
县域	非农业人口（万人）	15	12	8
	非农业人口占总人口比重（%）	30	25	20
	乡镇以上工业产值（亿元）	15	12	8
	乡镇以上工业产值占工农业总产值比重（%）	80	70	60
	国内生产总值（亿元）	10	8	6
	第三产业占国内生产总值比重（%）	20	20	20
	地方本级预算内财政收入　总值（万元）	6000	5000	4000
	地方本级预算内财政收入　人均（元/人）	100	80	60
	承担一定的上解任务			

截止 2004 年底，我国有城市 661 个，城市人口为 34088 万人，城市面积39.42 万 km²，其中建成区面积3.03 万 km²。城市范围内人口密度为 847 人/km²［引自建设部综合财务司《2004 年城市建设统计公报》］，建制镇 19811 个。

（二）国外设市标准

世界各国设立城市的标准不尽相同，有单纯用某级行政中心所在地为设市标准的，也有单纯以城镇特征（公共和市政服务设施）为设市标准的，最多的是以居民总人口数量为标准：英国规定人口在 3500 人以上，美国规定人口在 2500 人以上，加拿大规定人口在 1500 人以上，澳大利亚规定人口在 1000 人以上，丹麦规定人口在 200 人以上的聚落即可设市。

（三）联合国人居中心建议将人口 1 万人以上的居民点认作城市。

三、城市的类型

城市的类型多样，为便于对城市开展相关研究，一般将城市按照不同的特征（人口、职能、布局形式等）进行分类。

（一）按人口规模分类

对城市规模，世界各国尚没有统一的认识，市场经济国家（英国、美国、日本、德国等）一般只规定城市的最低人口限额，不按人口规模对城市进行分类。中国结合本国国情，为便于对城市经济社会建设进行分类指导和协调管理，按照城市市区常住非农业人口数量将城市划分为四个等级：人口在 100 万人以上（包含 100 万人）的城市称作特大城市；人口在 50 万人以上（包含 50 万人），不足 100 万人的城市称作大城市；人口在 20 万人以上（包含 20 万人），不足 50 万人的城市称作中等城市；人口在 20 万人以下的城市称作小城市。

中国城市等级分布基本呈现塔状特征，特大城市一般是某一地域的中心城市，虽然数量较少，但在国民经济和社会发展中发挥的作用是最大的，分布在塔的顶层。次之为大城市，再之为中等城市，量大面广的是小城市。2003 年底，中国有特大城市 48 个，大城市 65 个，中等城市 222 个，小城市 325 个。

（二）按职能分类

根据城市在经济社会发展中所担负的职能进行分类。分类的方法有定量分析法和定性分析法。定量分析方法通常是以城市就业人口中从事各种职业的人口比例为依据进行分析。一般来讲城市的职能是综合性的，即兼有多种职能，按职能对城市分类，主要是突出它的主要职能或特殊性。中国城市按职能大致分为以下类型：

（1）首都（北京）、直辖市（上海、天津、重庆）；

（2）省、自治区中心城市（哈尔滨、长春、沈阳、呼和浩特、乌鲁木齐、银川、西宁、拉萨、兰州、西安、太原、石家庄、济南、郑州、南京、杭州、合肥、武汉、成都、贵阳、长沙、南昌、福州、昆明、南宁、广州、海口等）；

（3）工矿城市（鞍山、大庆、淮南、黄石等）；

（4）交通枢纽、港口城市（郑州、武汉、大连、宁波等）；

（5）特殊职能城市，如历史文化名城（北京、西安、南京等），风景旅游城市（杭州、桂林等），边境城市（满洲里、凭祥等）。

（6）一般县市。

（三）按布局形式分类

城市受政治、经济、历史、自然等条件的影响，呈现出不同的布局形式，在一定程度上反映其内在规律性。一定时期内城市基本保持稳定布局的形态，但是，城市是在发展的，随着内在、外在条件的变化，城市的形态也会发生变化，并不是固定不变的。学术上常常按照城市的布局形态进行分类，以便对城市空间发展模式进行研究。

根据城市空间形态的基本特征，城市布局形式可以大致归纳为下列主要类型：

（1）块状布局城市 构成城市的物质要素集中成块状布置，是城市布局中最常见的形式。这种布局形式有利于集中设置市政基础设施，土地利用经济，交通便捷。但如果此类城市规模过大，则将不可避免地造成城市中心地区的交通拥堵，生态环境遭到破坏，较为典型的有中国的首都北京（图1-4）。

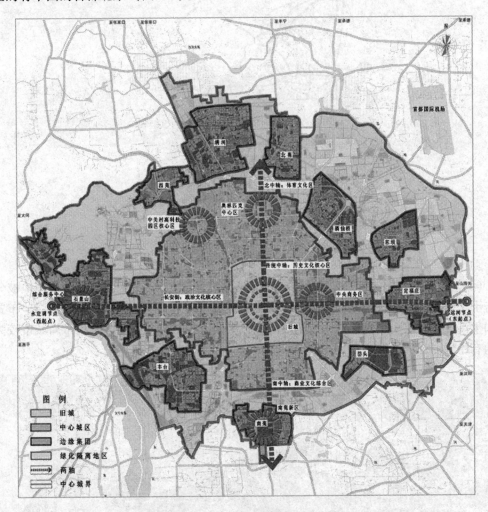

图1-4 北京市中心城区规划结构图（详图请见文前彩页）

（2）带状布局城市 此类城市布局的形式是受自然条件或交通线的影响形成的，有的沿着江河或海岸线的一侧或两岸分布，有的沿着狭长的山谷发展，还有的沿着陆上交通干线延伸。此类城市基本沿轴向呈带状发展，空间结构和交通流向的方向性较强。此类城市因交通流向的方向性较强，轴向交通压力较重，交通组织较为困难，较为典型的有中国甘肃省会城市兰州。

（3）星座状布局城市 以一个较大的城市为中心，周围围绕着若干城镇而形成的城市空间布局形式，类似于行星周围围绕着若干卫星的图景。此类空间布局形式一般发生在大城市或特大城市。因其能够在城镇群中合理分布人口和产业，同时又与自然环境有机结合，故能够较为有效地克服块状布局城市的弊端，较为典型的有中国的上海、法国的巴黎（图 1-5）。

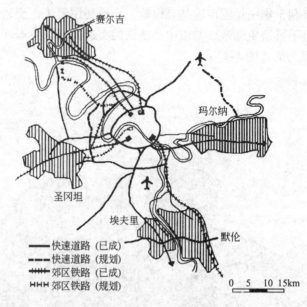

图 1-5　巴黎地区总体布局图

（4）组团状布局城市　由于受到自然条件或人为干预等因素的影响，城市用地被分隔成若干块，每一块形成功能相对独立的组团。组团内集中功能和性质相近的部门，布置生产和生活设施，组团之间保持一定的距离，并有便捷的交通联系。组团状布局城市较为典型的有中国浙江的宁波市（图 1-6）。

图 1-6　宁波市城市总体布局图（详图请见文前彩页）

（5）大都市连绵区（megalopolis） 20世纪60年代在发达国家开始出现的一种高度工业化、高度城市化地带。一般的空间布局特征是沿交通线发展的一系列综合性的城市，形成城市连绵区，连绵区内的城市之间具有相对的产业互补性和基础设施协调性。这些城市具有相对独立性和各自的特色，城市之间有绿化隔离带和农业地带，较典型的是美国东海岸大都市连绵区：波士顿、纽约、费城、巴尔的摩、华盛顿五大中心城市组成的都市连绵区。

第三节 城市发展的阶段特征

世界各国城市的发展尽管存在这样那样不同的特点，但是，如果将其置于人类文明发展的历史进程的大背景中考虑，我们基本可以判断城市的发展经历了两个不同的阶段：古代城市发展阶段和近现代城市发展阶段，以18世纪末蒸汽机的发明为界。不同的发展阶段对应着人类社会不同的发展时期，并表现出不同的发展特征。

一、古代城市的发展

历史时期：奴隶社会，封建社会，历经6000余年。

经济结构：农业社会产业结构。

技术进步：技术没有突破性进展，商业、手工业发展缓慢。

城市发展特征：城市发展缓慢，持续时间长；城市结构简单，规模小；城市职能简单，更多的是政治军事职能；城市化水平低。

自从第一个城市诞生以来，至今历6000余年。在6000余年的城市文明发展史中，人类社会经历了漫长的农业经济时代，工业经济时代只有200余年的历史。在农业社会历史中，尽管出现过规模相当可观的城市（人口都达到了100万左右，如我国的唐长安城和西方的古罗马城），并在城市建设方面留下了十分宝贵的人类文化遗产。由于农业社会的技术水平和生产力低下，且提高缓慢，决定了农业社会的城市发展缓慢，城市数量和规模都是极其有限的。

对我国古代城市的历史研究表明，奴隶社会和封建社会的重要城市都是具有政治统治作用的都城和州府城市（河南偃师商城，唐长安城，明清北京城等）。只是到了封建社会后期的明清时代，在一些交通条件较好的地区开始出现较具规模的以商业和手工业为主要职能的城市（明清扬州城，明清景德镇等）。西方研究成果也同样证实了农业社会的城市发展是非常缓慢的。在1600年，只有1.6%的欧洲人口生活在10万以上人口规模的城市；到1700年，相应的数字仅上升到1.9%；到1800年，世界城市总人口数仅为2930万人，只占同期世界总人口的3%。

中国偃师商城

河南偃师商城是商汤灭夏后建立的第一个都城，也是夏、商两代划分的重要标志，位于洛阳市东30km，西南距二里头遗址（夏代）6km。商城平面呈刀形，共有三道城墙，最外围是大城，大城之中有小城，小城之中有宫城。城墙南北长约1700m，东西最宽约1200m，城址总面积200万m²。小城位于大城的西南部，大体呈长方形，南北长约1100m，东西宽约750m，内有宫殿、庙宇、祭祀场所、青铜作坊、供水池和排水系统等。

偃师商城开创了以后历代都城建有多重城墙，宫城居中布局的先河，也为古代宫室建筑提供了重要线索，如宫庙分离、对称布局和寝宫与朝堂分离。遗址中发现的"苑囿"也是迄今中国学者发现的最早城市园林遗址。从其规模和布局来看，偃师商城不是一座单纯的军事城堡，应该是一座具政治中心性质的一国都城（图1-7）。

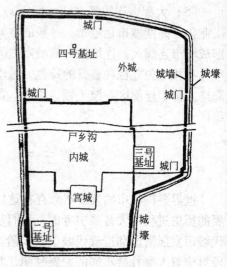

图1-7　河南偃师商城

中国隋唐长安城

隋唐长安城是一座帝王都城，居住人口达100万之多，是中国乃至全世界在封建社会建成的最大城市（位置即今西安市区所在地）。隋唐长安城的显著特征是按规划进行建设的，主持规划建设的是隋代的宇文恺，唐代的阎立德。长安城平面呈长方形，南北长8.6km，东西宽9.7km，面积为84km^2。城内有南北向大街11条，东西向大街14条（其中贯穿于城门之间的3条南北向和3条东西向大街是主干道），25条大街将全城划分为109个坊和两个市，呈棋盘状格局。长安城由宫城、皇城和外郭城组成。宫城位于都城北部的正中，皇城在宫城之南，均呈规整的长方形。外郭城从东、南、西三面拱卫宫城与皇城。皇城南面的朱雀大街（宽150m）是长安城的中轴线，该轴线是长安城的主脉，统揽全城，进而形成中轴对称、坊里均布、分区明确、街道整齐、宫城居北、方正宏大的规划格局。这一格局充分体现了封建社会鲜明的等级制秩序结构（位置秩序、行为秩序、时间秩序、服饰秩序等）（图1-8）。

埃及卡洪城

卡洪城（Kahune）位于法尤姆绿洲东南部，尼罗河西岸。始建于公元前2500年，居住人口2万人。卡洪城是为兴建埃及法老的金字塔陵墓而修建的一种特殊的居民点。陵墓完工后，该城即被废弃。卡洪城平面呈规则的矩形，城墙南北长约250m，东西宽约350m。一道内城墙将城区分隔为两部分：西部地势较低，密集而有秩序地排列着奴隶工匠居住的土坯小屋；东部为奴隶主贵族和官吏所居住，并设有市场和商铺，还有一组宫殿。整个城市显然经过规划，并体现着强烈的阶级秩序（图1-9）。

西亚古巴比伦城

古巴比伦城（Babylon）位于幼发拉底河中游，距伊拉克首都巴格达以南88km，居住人口约10万人。巴比伦城横跨幼发拉底河（宽约150m）两岸，平面大体呈矩形，内城周长约8360m。城中的马尔都克神庙正对夏至日出方向，并以神庙为中心确定全城的布局。纵贯全城的普洛采西大道（宽7.5m）西侧布置有空中花园、王宫、天象台、马尔都克神庙。城中平民住宅区房屋低矮密集，与高约60m的7层天象台形成强烈的对比。巴比伦城的布局体现出鲜明的宇宙崇拜和宗教政治特征（图1-10）。

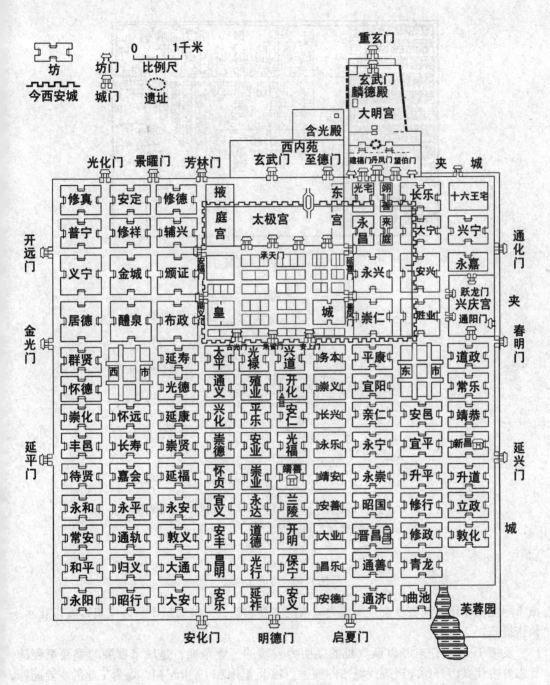

图 1-8 唐长安城

二、近现代城市的发展

历史时期：资本主义社会，社会主义社会并存，18 世纪中至今 200 余年。

经济结构：工业社会产业结构，城市产业以第二、第三产业为主。

技术进步：科学技术取得突破性进展，技术革命层出不穷。

城市发展特征：城市发展速度加快，变化剧烈；城市结构趋向复杂，规模日趋增大；

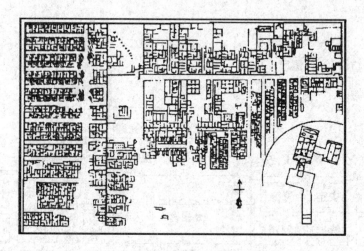

图 1-9 埃及卡洪城

图 1-10 古巴比伦城

城市职能多样化，经济社会发展成为城市的主要职能；人口向城市急剧聚集，城市化水平快速提高。

发源于 18 世纪末叶以蒸汽机的发明为发端的工业革命，是城市发展的重要里程碑，标志着古代城市开始向近现代城市的演进。18 世纪末和 19 世纪初，煤为工业的主要能源，铁路替代河道成为运输的主要方式。工业生产所依赖的能源和交通条件发生了根本性变革，为工业的大规模聚集提供了条件，开创了城市发展的新纪元。这一过程最早是在英国开始的，工业企业开始摆脱原料基地的束缚向城市聚集，与此同时又出现了更多新兴的工业门类。工业向城市的聚集直接导致城市人口的剧增和城市用地的扩张，城市职能开始由过去的政治军事职能向经济职能转变。

近现代城市的发展经历了三个大的发展阶段：城市绝对集中发展阶段、城市相对分散发展阶段和城市区域协同发展阶段。从这三个阶段的发展趋势上看，城市的发展遵循着由

"点"及"圈"、由"圈"及"群"的系统发展模式。

（一）城市绝对集中发展阶段

工业革命促成人类社会向工业化迈进，在工业化初期，人口从农村向城镇大规模迁移。那些位于交通枢纽的城镇，开始快速扩张，城市人口越来越多，用地规模越来越大，呈由中心向外围圈层扩展的态势。这一时期是城镇发展的"绝对集中"时期（图1-11）。

以伦敦城为例，城市人口从1801年的约100万人增加到1844年的约250万人，城区范围从2英里（约3.2km）半径扩展到近3英里（约4.8km）半径。因为1860年以前的英国城市交通仍以步行为主；1860年后，英国城市开始发展公共交通，从公共马车到公共电车和公共汽车；1910年，伦敦人口猛增到650万，成为当时欧洲乃至世界最大的城市（图1-12）。

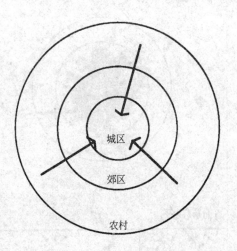

图1-11 城市发展的"绝对集中"时期

城市的集中发展有利于发挥聚集效应和规模经济效应。但是当这种集中发展超过一定规模后，其弊端开始显现，主要表现为所谓的"城市病"：城市交通组织愈来愈困难，环境污染加剧，人们越来越远离大自然。

（二）城市相对分散发展阶段

19世纪末20世纪初，小汽车等机动交通工具的出现将城市发展推向新的阶段，人们为了逃避城市病的困扰，纷纷迁居于城市郊区，使得郊区的增长开始超过城区的增长，学术界将这一现象称作"郊区化"。城市，特别是大城市进入相对分散发展时期（图1-13）。

英国伦敦东部郊区，从1890年至1900年间，人口增加了三倍之多；伦敦西部郊区人口增加了87%，北部郊区人口增加了55%，南部郊区人口增加了30%。1942年由英国著名规划师阿伯克隆比（Abercrombie）主持编制的大伦敦规划（图1-14），即是基于通过开发城市远郊地区的卫星城镇，分散中心城区的人口压力的理念，以此

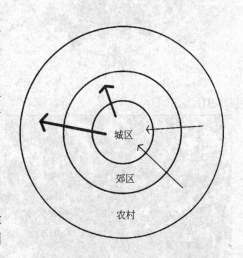

图1-13 城市发展的相对分散时期

解决中心城市过于集中发展的种种问题。这一模式在第二次世界大战后纷纷被欧洲各国所效仿，进一步推动了城市向郊区的分散发展。

美国在1956年至1972年期间的州际高速公路建设计划推动了郊区化进程，1970年的郊区人口超过了城区人口。

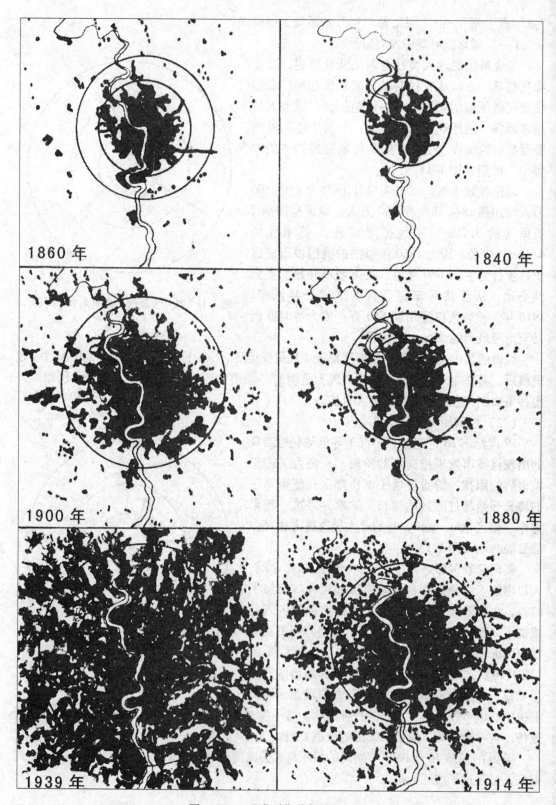

图 1-12 工业化时期伦敦城的发展

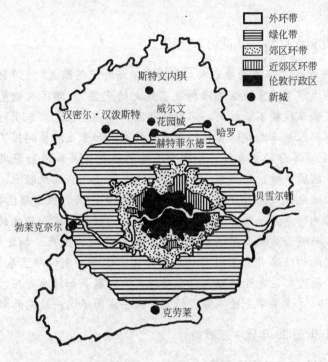

图 1-14　1942 年大伦敦规划

图例：
- 外环带
- 绿化带
- 郊区环带
- 近郊区环带
- 伦敦行政区
- 新城

图中地名：斯特文内琪、汉密尔·汉泼斯特、威尔文花园城、哈罗、赫特菲尔德、贝雪尔顿、勃莱克奈尔、克劳莱

阅读材料 1.1

美国城市郊区化

郊区化是指城市人口、就业岗位等从城市移出，分散到郊区的过程。它是城市化的一个发展阶段，标志着城市由聚集式发展转变为扩散式发展。美国是世界上城市郊区化程度最高的国家，其郊区化发展具有相当的代表性。

美国城市郊区化的发展历程

美国城市化开始于 18 世纪末期，产业革命和外来移民的大量涌入成为其最初的发展动力。自 1870 年实现初步城市化后，美国城市化进入了高速发展阶段，至 20 世纪 20 年代基本实现了城市化，全国半数以上的人口居住在城市。这一时期，美国完成了工业化。在工业化直接推动和刺激下，尤其是交通运输条件革新（主要指 19 世纪后期大规模铁路建设和第一次世界大战后汽车的广泛使用）的推动下，美国城市化向纵深发展，城市面貌进一步改观。此后，特别是在二战后，美国城市化发展迅猛，并且出现了新的特征，战后郊区化的飞速发展就是这一阶段美国城市化的重要特征。郊区化是在城市化达到一定发展水平的基础上产生的。

萌芽阶段（19世纪后期~20世纪20年代）

19世纪，美国郊区"伴随着城市人口激增、不断外迁而形成"。到19世纪中叶，"其发展仍显混乱，与城市中心系统性膨胀构成了极大的反差"。郊区人艳美五光十色的城市生活，纷纷涌入，城市规模不断扩大。同期的郊区只是一些住宅，零星地排列在铁路线的周边。极少数拥有私人马车或能够负担高额车费的商人和专业人员购买了郊区住宅。19世纪80年代以后在电车革命的推动下，一部分有能力承担置房和通勤费用的富人阶层开始有机会逃离拥挤、肮脏、嘈杂的城市，他们对郊区充满憧憬，渴求独立、舒适、安全、田园般的郊区生活。这也就成为开发商、广告商大肆包装、竭力推销郊区住宅的一大卖点。郊区住宅的房型结构则是另一大卖点。然而，拥有二间以上卧室和独立的起居室，只是绝大多数人的幻想。而随着建筑工艺的改进、建筑材料的成批生产，加之郊区充足的土地，人们在郊区拥有宽敞的住房成为了现实。总体而言，这一时期的郊区基本上依附于城市，接受城市的渗透。同时郊区也开始独立着手处理某些问题，如污水处理、道路兴修等，为进一步发展奠定基础。少数率先迁入郊区的富有人士成为了这一时期的郊区居民。

形成阶段（20世纪20年代~二战前）

进入20世纪，美国郊区快速发展，郊区人口增长迅速，产生"郊区倾向"。20年代其人口增长率一跃超过中心城市，郊区发展逐渐形成规模。此间，汽车工业蓬勃兴起，汽车拥有量的剧增使得郊区简陋的交通设施捉襟见肘，迫使郊区开始着手兴修公路，加紧拓宽车道。交通的发展使郊区拓展到离城市中心更远的地方，范围不断扩大。在运输业的带动下，郊区的工商业、房产业的发展水平不断提升。此前，电力技术发展使流水线生产成为可能，但其对空间的占用更大，而城市提供可用厂房的能力却很有限，抑制了工厂发展，相对郊区充足的土地、低廉的地价和税收以及逐步完善的交通设施则吸引了不少厂商。郊区商业也开始发展，出现了伍尔沃斯、A&P等连锁店的销售网点及社区银行、流动剧场、办公楼等。20世纪20年代郊区的购物中心应运而生。20世纪30年代，借助"高尔夫热"的东风，房产商采用多种营销手段，推出款式多样的郊区住宅，吸引了不少白人中产阶级选择郊区作为居住地。整个20世纪20、30年代，洛杉矶、密尔沃基、亚特兰大、底特律、布法罗等城市的郊区人口成倍增长，其中芝加哥、圣路易斯、底特律的增长速度最为迅猛。这一时期汽车的逐步普及和交通设施的快速发展带动了美国郊区全面发展，郊区人口数量突飞猛进。但是整体上城市人口多于郊区人口，就业岗位仍集中于中心城市，大多数工商业活动也在中心城市进行。

发展阶段（二战以后）

第二次世界大战后，美国郊区化进程大大加快，进入快速发展阶段。其间又可大致划分为三个阶段。

战后至50年代末为第一阶段，其主要特征表现为大规模的人口郊迁。战争几乎耗费了人们所有的精力与财力，和平时代的到来使得被抑制的需求重新萌发。受战后初期大量军人复员以及之后经济长期繁荣的影响，美国出现了长期的高出生率。1947~1950年

"出生热"期间，美国人口出生率从大萧条时的1.8%，猛升到2.5%，并一直保持到1958年。其后尽管出生率逐渐回落，但每年的出生人口绝对量仍高于"出生热"期间的水平，家庭住宅需求日益增长。民间开发公司抓住机遇，大规模建设郊区住宅，加上政府资金援助、汽车及高速公路的发展，人们更易购得郊区住宅，郊区生活更加便捷。由此郊区人口数量迅速增长，通过战后若干年的发展，至1960年全美人口形成三足鼎立的局面，而到了1970年，郊区人口约为7600万人，占全国人口总数的37.2%，而中心城市和非都市区人口各占31.4%，郊区人口超过了中心城市和非都市区人口。

20世纪60~70年代是美国战后郊区化的第二阶段，即商业活动大规模郊区化阶段。随着战后郊区化进程的深入，兴建起许多大型购物中心，为人们就近购物提供方便，使得中心商业区的优势逐渐丧失。1958~1963年，全美中心商业区的零售额呈下降趋势，而整个大都市区（包括中心城市和郊区二部分）的零售额上升了10%~20%。以亚特兰大为例，其零售业在1963年占大都市区的66%，到1977年下降为28%，即郊区由34%升至72%。70年代办公活动郊区化的趋势同样十分显著，统计表明1967~1977年美国郊区办公空间的增长速度是中心城市的3.6倍，到1977年大都市郊区新增办公空间占整个地区新增办公空间的59.3%。商业、办公等一系列经济活动的郊区化给郊区带来大量的就业机会。由此，原来往返于市区与郊区之间的工作方式大为改变，郊区成为许多中产阶级人士主要的生活、工作地。

第三阶段是"边缘城市"阶段。"边缘城市"是在原有的城市周边郊区的基础上形成的具备就业场所、购物、娱乐等城市功能的新都市。战后人口郊区化、经济活动郊迁、郊区就业中心形成等多种因素共同作用促使美国诞生了"边缘城市"。进入20世纪80年代以后，郊区的城市设施不断增加和完善，独立程度越来越高，尤其是高新技术的发展把更多的资本和技术带到郊区，加速郊区开发力度，许多郊区的城市化中心由此成为具有复合城市功能的"边缘城市"。这意味着美国郊区进入新一轮发展阶段。

（三）城市区域协同发展阶段

20世纪70年代，发达的市场经济国家开始进入后工业社会的成熟期，第三产业的主导地位越来越显著。与此同时，城际间的快速、大运量交通条件渐趋成熟，从农村向城镇的人口迁移已经消失，取而代之的是区域内部从城区到郊区的人口迁移，导致城区人口的下降和郊区人口的上升，这被称为城市人口分布的"绝对分散"趋势（图1-15）。根据发达国家的经验，城镇化水平达到75%~80%以后，城镇化进程趋于稳定，但产业和人口的空间分布趋于在一定区域内的分散和重组。城市开始摆脱自身孤立发展的束缚，向区域内大、中、小城市协同发展的阶段迈进。

城市区域协同发展的典型现象是，在那些经济

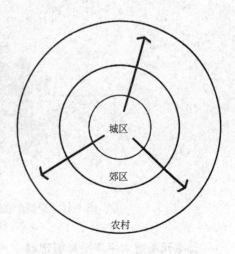

图1-15 城市发展的"绝对分散"时期

社会发展基础较好、基础设施完备、交通条件优越的地区，大、中、小城市连绵发展，形成巨型城市群或城市带。这些巨型城市群或城市带对世界经济或一国经济的发展具有举足轻重的影响。

西欧是工业化和城市化进程开始最早的地区，城市化水平高，城市数量多，密度大，均以多个城市集聚的形式形成城市群，如英国的伦敦—伯明翰—利物浦—曼彻斯特城市群集中了英国4个主要大城市和10多个中小城市，是英国产业密集带和经济核心区。法国的巴黎—鲁昂—勒阿弗尔城市群是法国为了限制巴黎大都市区的扩展，改变原来向心聚集发展的城市结构，沿塞纳河下游在更大范围内规划布局工业和人口而形成的带状城市群。德国的莱因-鲁尔城市群是因工矿业发展而形成的多中心城市集聚区，在长116km、宽67km范围内聚集了波恩、科隆、杜塞尔多夫、埃森等20多个城市，其中50～100万人的大城市有5个。荷兰的兰斯塔德城市群是一个多中心马蹄形环状城市群，包括阿姆斯特丹、鹿特丹和海牙3个大城市，乌得勒支、哈勒姆、莱登3个中等城市以及众多小城市，各城市之间的距离仅有10～20km。该城市群的特点是把一个城市所具有的多种职能分散到大、中、小城市，形成既有联系、又有区别的空间组织形式，以保持整体的统一性和有序性。

美国东北部大西洋沿岸大城市连绵区（Megalopolis），以波士顿、纽约、费城、巴尔的摩、华盛顿五大城市为中心，大、中、小城镇连绵成片，在长达600多公里，宽约100多公里的地带内形成一个有5个大都市和40多个中小城市组成的超大型城市群。该地区居住人口约4500万人，面积约13.8万km²，城市化水平高达90%。虽然面积只占国土面积的不到1.5%，但却集中了美国人口的20%左右，制造业产值占全国的30%，是美国的经济核心地带。每个城市都有自己的优势产业部门，城市之间形成紧密的分工协作关系（图1-16）。

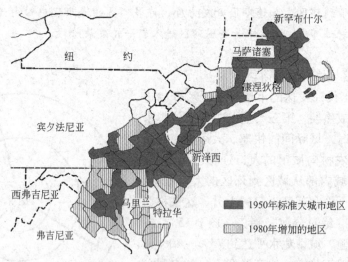

图1-16　美国东北部大西洋沿岸大城市连绵区示意图

日本东海道太平洋沿岸城市群

日本是亚洲地区城市群发展程度最高的国家，已形成典型的城市群"东海道太平洋沿岸城市群"。该城市群由东京、名古屋、大阪三大都市圈组成，大、中、小城市总数达310个，包括东京、横滨、川崎、名古屋、大阪、神户、京都等大城市。全日本11座人口在100万以上的大城市中有10座分布在该城市群区域内。三大城市群国土面积约10万km²，占全国总面积的31.7%；人口近7000万人，占全国总人口的63.3%。它集中了日本工业企业和工业就业人数的2/3，工业产值的3/4和国民收入的2/3。城市群的主要城市各具特色，发挥着各自不同的功能。其中，东京的城市功能是综合性的，是日本最大的金融、工业、商业、政治、文化中心，被认为是集多种功能于一身的世界大城市（图1-17）。

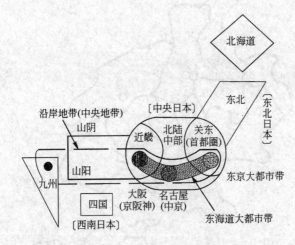

图1-17 日本东海道太平洋沿岸城市群示意图

中国在20世纪90年代，随着改革开放政策在沿海地区的实施，长江三角洲地区、珠江三角洲地区和环渤海地区率先进入快速工业化时期。地区内各城市之间通过分工协作、功能互补，基本呈现出城市群发展的空间态势，初步形成长江三角洲城市群、珠江三角洲城市群和环渤海城市群的格局。尤其是"长江三角洲城市群"，因其广阔的发展前景，被有关机构列为继"美国东北部大西洋沿岸大城市连绵区"、日本"东海道太平洋沿岸城市群"之后的世界第三大城市群。

长江三角洲城市群

长江三角洲城市群是目前我国城市化水平最高的地区之一。它跨越上海、浙江、江苏三省（直辖）市，包括上海、南京、苏州、无锡、杭州、宁波等 15 个城市。土地面积 9.9 万 km²，1999 年总人口 7470 万人、国内生产总值 13740 亿元。经过多年发展，长江三角洲基本形成了较为合理的产业分工。技术和资本密集型产业留在上海，劳动密集的工业则到苏州、昆山等地区（图 1-18）。

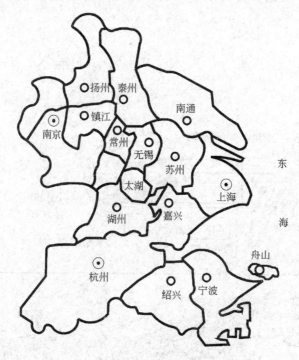

图 1-18 长江三角洲城市群示意图

珠江三角洲城市群

珠江三角洲城市群包括广州、深圳、珠海、佛山、江门、中山、东莞、惠州等 14 个市县，土地面积 4.1 万 km²，1999 年总人口 2262 万人、国内生产总值 6493 亿元。珠三角经过 20 多年的发展，已形成了城市、产业和市场三大集群，进入工业化成熟期，并崛起了深圳、东莞两座 600 万人口以上的特大城市，和珠海、惠州、中山、佛山、江门等 10 座 200 万以上人口的大中城市（图 1-19）。

环渤海城市群

由京、津领衔的环渤海经济区成立于 1986 年，是我国最大的工业密集区。近年来部分专家学者又提出了"大北京"概念，它包括北京、天津、唐山、保定、廊坊等城市所辖的京津唐和京津保两个三角形地区，以及周边的承德、秦皇岛、张家口、沧州和石家庄等城市的部分地区，中心区面积 7 万 km²，人口约 4000 万，国内生产总值约 6500 亿元（图 1-20）。

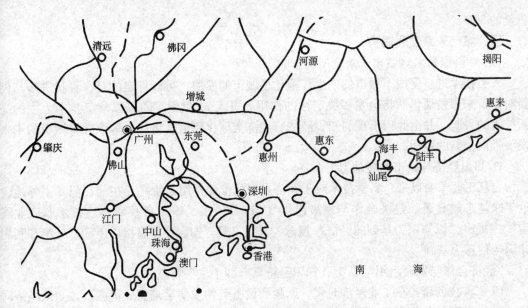

图 1-19　珠江三角洲城市群示意图

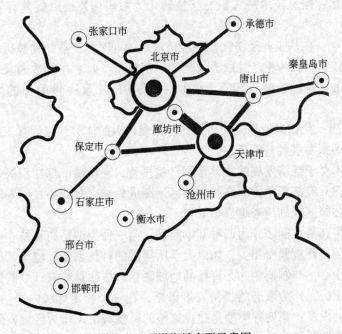

图 1-20　环渤海城市群示意图

有关统计数据表明，目前三大城市群的经济发展总量在全国经济发展中所占比重分别是：珠江三角洲城市群 GDP 约占全国 GDP 的 10%，长江三角洲城市群约占全国 GDP 的 18%，京津环渤海城市群约占全国 GDP 的 9%，三大城市群 GDP 共占全国 GDP 总量的 37%。

随着城市群的发展，预计包括上述城市群在内的各大城市区将容纳全国人口的 50%，可创造国内生产总值的 85%。据测算，有可能在全国 20% 的国土面积上，获得国家财富总量的 80%。

三、城市未来发展趋势

（一）科学技术对城市未来发展的影响

人类技术进步促成了城市的产生，推动了城市的发展，可以肯定的是，科技进步与创新对城市未来发展仍然将会发挥决定性的作用。进入 21 世纪，随着以信息技术为主的高新技术的兴起，并由此而出现的知识经济、经济全球化和信息化社会等浪潮将城市的未来发展推向全新的境地。

1. 知识经济与城市发展动力

自从工业革命以来，科学技术对于经济发展的推动作用是始终存在的，但其主导地位近年来越来越显著。经济合作与发展组织（OECD）在《1996 年度科学、技术和产业展望》中提出"以知识为基础的经济"概念，其定义是"知识经济直接以生产、分配和利用知识与信息为基础"。

"经济合作与发展组织"认为，知识经济具有四个主要特点：

（1）科技创新：在工业经济时代，原料和设备等物质要素是发展资源；在知识经济时代，科技创新成为最重要的发展资源，被称为无形资产。

（2）信息技术：信息技术使知识能够被转化为数码信息而以极其有限的成本广为传播。

（3）服务产业：在从工业经济向知识经济演进的同时，产业结构经历着从制造业为主向服务业为主的转型，因为生产性服务业是知识密集型产业。在发达国家，生产性服务业占国内生产总值的比重已经超过 50%，在世界贸易中的比重从 1970 年的 1/4 上升到 1990 年的 1/3。

（4）人力素质：在知识经济时代，人的智力取代人的体力，成为真正意义上的发展资源，因而教育是国家发展的基础所在。

由于科学技术对于经济发展的主导作用日益显著，现代城市都在积极营造有利于科技创新的环境，以提升经济竞争力。高科技园区逐渐成为城市营造科技创新环境的一项重要举措，因而高科技园区规划越来越显示其重要性。

有西方学者将高科技园区分为四种基本类型：第一种类型是高科技企业的聚集区，与所在地区的科技创新环境紧密相关，如以大学所提供的科技创新环境为基础；第二种类型完全是科学研究中心，与制造业并无直接的地域联系，往往是政府计划的建设项目；第三种类型称为技术园区，作为政府的经济发展策略，在一个特定地域内提供各种优越条件，吸引高科技企业的投资；第四种类型是建设完整的科技城市，作为区域发展和产业布局的一项计划。该学者同时认为，尽管各种高科技园区层出不穷，而且也产生了显著的影响，但当今世界的科技创新的主要来源仍然是发达国家的国际性大都市，如伦敦、巴黎和东京，因为它们具有最能够孕育科技创新的土壤。

总之，知识经济将催生各种高科技园区，它将是未来城市的重要组成部分，而其中大的中心城市仍然是科技创新最重要的基地。

中国顺应世界高科技园区的发展趋势，先后建立了 53 个国家级高新技术产业开发区。从这些园区的实践来看，在经济较为发达的大都市地区（如北京和上海），高新技术产业园区的发展较为成功（如北京的中关村和上海的漕河泾），因为科技创新的环境比较成熟

（包括实力雄厚的高等院校，科研机构和跨国公司的研发中心）。但是，我国的大部分高新技术产业园区都是吸引跨国公司的投资为主，即使最终产品是高科技的，研究、开发层面仍然留在发达国家，我国的高新技术产业园区只是制造、装配基地。尽管如此，高新技术产业园区对于我国的高科技产业发展起了积极作用，多数园区的经济增长水平也远远高于所在城市或地区的整体水平。

2. 经济全球化对城市未来发展的影响

经济全球化是指各国之间在经济上越来越相互依存，经济活动的组织突破国界向全球延伸，各种发展资源（如信息、技术、资金和人力）的跨国流动规模越来越扩大。经济全球化表现出几个基本特征：

（1）跨国公司在世界经济中的主导地位越来越突出，管理、控制—研究、开发—生产、装配三个层面的空间配置已经不再受到国界的局限。

（2）各国的经济体系越来越开放，国际贸易额占各国生产总值的比重逐年上升，关税壁垒正在逐步瓦解之中。

（3）各种发展资源（如信息、技术、资金和人力）的跨国流动规模不断扩大。

（4）信息、通信和交通的技术革命使资源跨国流动的成本日益降低，为经济全球化提供了强有力的技术支撑。国际互联网和各国信息高速公路的形成，使电子商务趋于普及，在生产性服务领域带来一场全球化革命。

经济全球化与城镇体系结构重组

在经济全球化进程中，随着经济空间结构重组，城镇体系也发生了结构性变化，从以经济活动的部类为特征的水平结构到以经济活动的层面为特征的垂直结构。工业经济时代的城市产业结构都是建立在制造业的基础上，只是每个城镇的主导部类不同，这就是所谓的"钢铁城"、"纺织城"或"汽车城"等。因为每个产业的管理、控制—研究、开发—生产、装配三个层面往往集中在同一城镇，城镇间依赖程度相对较小。因而，城镇之间的经济活动差异在于部类不同而不是层面不同，这就是城镇体系的水平结构。传统城镇体系结构的特征是水平的。在经济全球化进程中，管理、控制—研究、开发—生产、装配三个层面的聚集向不同的城镇分化，经济空间结构重组表现为生产、装配层面的空间扩散和管理、控制层面的空间集聚，城市间依赖程度较大。

试举一例加以说明：春兰集团是我国的知名大企业，曾将管理、控制—研究、开发—生产、装配三个层面都集中在江苏省泰州市。随着企业的成功发展，2000年的职工和资产规模分别达到1万余人和120亿元。春兰集团决定将决策中心迁往上海，而生产基地则仍然留在泰州。可见，作为经济中心城市的上海正在聚集越来越多的公司总部，而一些城市则成为生产、装配基地。

经济全球化进程中，资本和劳动力全球流动，产业的全球迁移，经济活动和管理中心的全球性集聚，生产的低层次扩散，使经济体系从水平结构转变为垂直结构，从而导致城镇体系的两极分化现象。在这个城镇体系的顶部，是少数城市对于全球或区域经济起着管理、控制作用，末端是作为生产、装配基地的一大批城镇。

根据对纽约、伦敦、东京、香港和新加坡等城市的研究，归纳了经济中心城市的基本特点：

（1）作为跨国公司的（全球性或区域性）总部的集中地，因而是全球或区域经济的管理、控制中心。

（2）这些城市往往是金融中心，增强了经济中心的作用。

（3）这些城市还具有高度发达的生产性服务业（如房地产、法律、财务、信息、广告和技术咨询等），以满足跨国公司的服务需求。

（4）生产性服务业是知识密集型产业。这些城市因而成为知识创新的基地和市场。

（5）作为经济、金融和商务中心，这些城市还必然是信息、通信和交通设施的枢纽，以满足各种"资源流"（如信息和资金）在全球或区域网络中的配置，为经济中心提供强有力的技术支撑。例如，纽约、伦敦和东京作为全球影响最大的经济中心城市（称为"全球城市"），是相当数量的世界最大跨国公司、银行和证券公司的总部所在地（表1-2、表1-3）。

纽约、伦敦、东京占世界100家最大银行和25家最大证券公司的份额（％）（1988年）　表1-2

	资产	资本	净收入
100 家最大银行			
东京	36.5	45.6	29
纽约	8.6	8.8	20.1
伦敦	4.2	5.7	13.2
三市总和	49.3	60.1	62.3
25 家最大证券公司			
东京	29.6	42.9	72.6
纽约	58.6	50.0	22.0
伦敦	11.1	4.9	2.8
三市总和	99.3	97.8	97.5

注：资料来源：S. Sassen, 1991, P.178~179。

世界最大跨国公司总部的分布区位　　　　　表1-3

排序	城市	公司总部的数量
1	纽约	59
2	伦敦	37
3	东京	34
4	巴黎	26
5	芝加哥	18
6	埃森	18
7	大阪	15
8	洛杉矶	14
9	休斯敦	11
10	匹兹堡	10
11	汉堡	10

续表

排序	城市	公司总部的数量
12	达拉斯	9
13	圣路易斯	8
14	底特律	7
15	多伦多	7
16	法兰克福	7
17	明尼阿波利斯	7

注：资料来源：Feagin 和 Smith，1987，P.6。

另一方面的研究表明，随着制造业的标准化和大规模生产部分从发达国家转移到新兴工业化国家和发展中国家，这些国家的城镇作为跨国公司的生产、装配基地得到迅速发展。受跨国资本的影响，城镇经济的国际化程度显著提升。

经济全球化与城市特色保护

经济全球化是一把双刃剑，在给世界各国城市发展带来机遇的同时，也带来了诸多负面的影响。这些影响主要表现在：

（1）位于世界经济体系垂直结构末端的生产、装配基地的国家和城市，其发展的方向、规模、速度等越来越受到跨国资本的控制，跨国资本的兴衰左右着它们的发展。这些国家和城市在依赖跨国资本的同时，必须保持自身经济发展的自主性和相对独立性，以应对外部条件的变化给自身发展造成的损害。

（2）伴随经济全球化而来的是文化趋同化，强势文化正在逐步同化着地方文化。城市发展过程中如何保护和发扬自身的文化特色，是世界各国城市肩负的重大历史责任。

3. 信息化社会和城镇的空间结构变化

计算机和互联网的发明，引发了人类历史上更为全面、更为彻底、更为迅猛的信息革命。人类的知识能够被编码成为信息，并分解为信息单位（比特），以极快的速度、极低的成本和极大的容量进行存储和传递。知识传播的信息化大大缩短了从知识产生到知识应用的周期，促进了知识对经济发展的主导作用。正是因为信息化对于经济社会发展的推动作用，现代社会被称为"信息社会"。

信息革命仅半个世纪，电脑网络已几乎覆盖了全球。电子货币、电子图像、信息高速公路相继出现，人们可以以数字信息为基础，实现远程学习和工作。总之，信息革命深刻地改变着人类社会结构和生活方式。例如：

（1）工业革命使人们离开家庭集中就业，信息革命则有可能使人们重新回到家庭工作；

（2）工业革命使人们向城镇集聚而疏远大自然，信息革命则有可能使人们的居住和工作空间趋向扩散，并亲近大自然；

（3）工业革命使人们在郊外居住到市中心工作，信息革命则有可能使人们在郊外工作而到市中心娱乐、消费、社交等。

伴随着这些变化，未来城市空间结构、布局形态，甚至城市的功能组织方式必然会出现更多的创造更新。

（二）人类发展观的转变对城市未来发展的影响

人类社会经历了原始时代、农耕文明时代和工业文明时代。原始时代和农耕文明时代，人类与自然的关系表现为人类对自然的尊重与和谐相处。工业文明时代，人类掌握了改造自然的诸多技术手段，开始了轰轰烈烈的改造自然、战胜自然的活动，人类与自然的关系表现为人类对自然的攫取与破坏。短短的 200 余年间，人类赖以生存的地球环境遭到了巨大的破坏，环境污染（大气污染、水污染、固体废物污染等）、资源危机（水资源危机、能源危机、土地资源危机等）迫使国际社会开始检讨过去的发展路径。

1987 年，联合国环境与发展委员会发表了布伦特兰（Brundtland）夫人的报告《我们共同的未来（Our Common Future）》。报告中提出"可持续发展（Sustainable Development）"的思想，即"既满足当代人的需求，又不损害子孙后代满足其需求能力的发展"。这一思想很快得到了国际社会的重视和广泛认同。1992 年，在巴西的里约热内卢召开的联合国环境与发展大会，制定并通过了全球《21 世纪议程》和《里约宣言》。大会运用国家政府手段，重申了对可持续发展从政治上和道义上的支持，提出了全球可持续发展战略框架，在广度和深度上进一步推动可持续发展思想的传播。

阅读材料 1.2

《21 世纪议程》中为推动人类住区的建设提出的全球战略任务：

1. 为全体人民提供足够的住宅；
2. 改善人民居住环境的经营管理（包括规划建设经营维修管理）；
3. 推动可持续发展的土地利用规划与经营管理；
4. 推动为居民提供配套的环境基础设施；
5. 为人类居住环境提供可持续发展的能源与交通系统；
6. 推动灾害易发区的人类居住环境的规划与经营管理；
7. 推进可持续的建设事业；
8. 推动为人类住宅环境建设所必需的人才资源与能力建设。

1996 年，联合国第二次人类住区大会在土耳其的伊斯坦布尔召开，发表了《伊斯坦布尔宣言》。宣言中强调：

●"为了维护我们的全球环境，改善我们人类住区的生活质量，我们决心采用可持续的生产、消费、交通和住区发展方式，防止污染，尊重生态系统的承载能力，并且为后代人保存机会"；

●"推动具有历史、文化、建筑、自然、宗教和精神价值的建筑物、纪念物、开敞空间、风景名胜和住区风貌的保护、修复和维护"；

●"加大力度消除贫困和歧视，推动和保护所有人的一切人权和基本自由，并满足人们的基本需求，如教育、营养和终身医疗服务，尤其是人人享有适当的住房"；

● 应使"我们的城市成为人类能过上有尊严、身体健康、安全、幸福和充满希望、生活美满的地方"。

"可持续发展"将成为人类在 21 世纪的核心发展观，并对城市的未来发展产生积极的影响，可以预见的影响至少可能体现在如下的几个方面：

（1）人们将致力于追求建设高效、公正、健康、文明的城市社会，实现人类社会的可持续发展。

（2）生态城市将会是面向未来的全新的人类聚居模式。这里所说的"生态"已不是传统的"生物及其栖息环境之间的关系"，而是"社会、经济、自然之间的相互关系"；不是仅仅局限在自然生态环境方面，还包括政治、经济、文化、科学、教育、技术等方面，体现一种人与自然整体和谐与协调的复合生态观。这里所说的"城市"已经不是传统意义上的城市，而是城—乡复合共生的生态系统，城市与乡村将由对立走向融合。

阅读材料 1.3

　　生态城市不是"生态"、"城市"两词的简单叠加或者说用"生态"一词限定"城市"（虽然英文 Ecocity 是两者的组合词）。也就是说这里生态、城市都不是一般意义上的概念，两者结合创造的是一个新的完整的概念，完全超越二者原有概念的涵义，是不能分割的。首先，它已经不是传统意义上的城市了，是在对传统城、乡辩证否定的基础上发展而来的，是城-乡复合共生系统，是人类住区发展的高级阶段。其次，"生态"已突破传统概念，从"研究生物及其栖息环境之间关系的科学"发展为"人们认识和改造自然的一种系统方法论"，成为"连接自然科学与社会科学的纽带"（E. P. Odum, 1997）。生态城市体现的是一种广义的生态观，而且是深层生态学（Deep Ecology）意义上的。简单地说，即社会-经济-自然复合生态观，不是仅限于生态环境方面，还包括政治、经济、文化、科学、教育、技术等方面，也即人—自然作为一个整体的和谐、协调。因此，只有从人类住区（城、乡）发展的历史趋势以及人—自然系统的整体角度，才能正确理解生态城市，才能正确把握生态城市的定位。

　　"城市是伴随着其他革新一起兴盛起来的，城市在此过程中，又成为这些革新事物的摇篮"。生态城市就是伴随着生态革命，在现有的城乡基础上发展而来的，但不是对其局部调整或简单的修修补补，而是一个"质变"的过程，一个"超越"、"革新"与"创造"的过程，它不仅创造宜人的人居环境，而且还创造新文化，表现为文化与自然融合、协调，有"各种各样的景观，各种各样的职业，各种各样的文化活动，各种各样人物的特有属性，所有这些组成无穷的组合、排列和变化，是充满生气的住区"（芒福德，1969）。

　　生态城市作为一个"进化"的概念，反映了生态城市不是一个理想的终极目标，而是一个"过程"，一个协调、和谐的进化过程，或者说是一个"动态目标"。而生态城市的运行规律揭示了这一过程并不是绝对的"和谐"，不是十全十美、完美无缺的，而是有

"斗争"的和谐，表现为矛盾的对立统一体，其关键是过程保持稳定有序，而稳定有序的关键是"进化"过程中的循环机制、共生机制、适应机制及补偿机制。

（注：引自黄光宇、陈勇编著的，《生态城市理论与规划设计方法》，第75～76页，北京：科学出版社，2002。）

四、城市发展的一般规律

城市的产生、发展，以及未来的变化趋势，是人类社会文明发展进程的客观体现。从宏观的历史发展角度，联系人类文明和产业的发展，及世界各国城市发展的实际经验，总结出城市发展的阶段性规律，有助于我们廓清对城市发展道路的认识和理解，帮助我们对城市未来发展进行分析和预测。许多学者在这方面做过有益的研究和探索，并取得基本的共识。这里试图作一些初步的归纳和总结。

（一）城乡不分—城乡对立—城乡融合

人居环境的性质和形态，从原始社会的城乡不分（城市尚未产生），经过城乡对立、城乡差别的历史阶段，发展到城乡差别消失、城乡融合的人类社会高度发达阶段。在人类历史的绝大部分时间内，都是处于城乡不分的状态的。城市作为人类文明发展的历史火车头，是伴随着人类分裂的痛苦（残暴的阶级压迫和剥削）、城乡对立（城市对乡村的掠夺）、城乡贫富两极分化而产生和发展的（图1-21）。

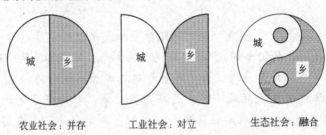

图1-21 不同社会时期城乡关系图解

马克思在《共产党宣言》中提出："把农业同工业结合起来，促使城乡之间的差别逐步消失"。事实上，在工业发达国家的一些高度发达的地区，城乡之间在现代化设施水平和经济、文化方面已看不到什么区别，只是土地利用集约化程度和景观上有所不同而已。可见经济、科技、文化的高度发展的确是消除城乡差别的物质基础。进一步看，随着基因工程等先进科学技术应用于农业和各种改造、利用自然的产业和农业的高科技产业化，城乡的进一步融合也已在预见之中。由此看来，城乡区分在人类历史的发展过程中是不可避免的阶段性进程，但最终必然会走向城乡融合。在这里我们看到了一种螺旋式上升的发展规律：从原始的城乡不分，经过城乡对立和城乡差异的阶段，达到高度发达阶段的城乡融合。

（二）城市随产业高层次化而呈螺旋上升式发展及二者间的互动

人类产业结构的变革是城市产生与发展的根本原因。产业结构的高层次化发展导致城市形态的螺旋上升式发展：集聚—分散—再集聚—再分散。按照钱学森对人类历次产业革命的见解，联系城市的产生与发展，可以得到比较清晰的概念。

第一次产业革命是由于火的发现与使用（旧石器时代晚期），使人类逐渐从采集、渔猎生活发展到开始从事农业、畜牧业（中、新石器时代，距今约 15000～5000 年）。于是发生了人类的第一次社会大分工：种植业从游牧渔猎中分离出来。它产生了定居的聚落（如我国的仰韶文化、龙山文化）。由此也开始形成了第一产业——农业、林业、渔业、畜牧业、采石、采矿等。其特点是采自大自然。

第二次产业革命是以铁器的制作与使用为标志的。我国在商代已发展了冶铜技术。到春秋战国时代（奴隶制末期）出现并广泛使用铁工具。金属的冶炼和加工，是第二产业的雏形。手工业与商品交换从农业（包括种植业、畜牧业、渔业）中独立出来。这就是人类的第二次社会大分工。市场与军事防御的需要产生了城市。到封建社会中期，产生了繁荣的商业城市。

第三次产业革命是 18 世纪下半叶到 19 世纪初遍及各工业国的产业革命。它始于英国蒸汽机的发明和广泛应用。机器大工业取代了手工业，于是确立了近、现代的第二产业——冶金、工业制造业、纺织工业、建筑业等。其特点是加工制造。第二产业的迅猛发展导致了近、现代资本主义城市的迅猛发展和城市化运动席卷全球。

第四次产业革命以电的发明和使用为标志。19 世纪末至 20 世纪初，物理学的革命，电磁理论的建立，电动机的发明和电力的远距离输送，促使城市化进入了现代发展阶段。工业类型大大扩展了，化学工业上升为主要产业，铁路实现了电气化，汽车和飞机普及起来，电灯、通信、广播等企业迅速发展。生产社会化，形成了区域、国际市场，从而确立了第三产业——金融、保险、投资、贸易、交通运输业等。其特点是服务和流通。列宁曾对电气化给以高度评价："……，电气化将把城乡连接起来，在电气化这种现代最高技术的基础上组织工业生产，就能消除城乡间的悬殊现象，提高农村的文化水平……"。电气化也促进了一系列现代城市理论的产生。

第五次产业革命始于第二次世界大战至今。相对论、量子力学、天文学等科学革命，首先推动了军事科学技术的发展，并带动了系列新的工业部门和领域的发展，如电子工业、高分子化学工业、航空及航天工业、原子能工业、汽车工业、合成纤维、合成树脂工业等高技术产业。特别是近年来，电子技术引起的信息革命，促进了核技术、航天技术、激光技术、生物工程、新材料、新能源等一大批高新技术的发展。这导致新型高科技工业城市和原有城市中高技术开发区的出现。城市中的第三产业继续迅速发展，城市经济结构向"服务化"转化，从业人员大大增加；城市中非生产部门和行业的发展快于生产部门。而且，随着科学技术成为提高生产力的决定性力量，第四产业应运而生——科学技术业、咨询业和信息业。其特点是高的科技信息含量。科学技术业的主要任务是组织科技力量，建立各种科技专业公司和各种综合系统设计中心等，使研究、开发与生产结合起来。另一方面，随着人民生活水平的提高，进入"丰裕的社会"，要求"精神丰裕"，文化消费的需求日益增长。因此，当前各发达国家正在兴起第五产业——文化业（文化市场业）、旅游业等。其特点是高的文化含量。

21 世纪人类社会将迎来第六次产业革命。这是由生物科学技术飞跃进步带来的生产力乃至整个社会的大变革，主要是利用生物工程技术和太阳能等发展高度知识密集型的农业产业，包括种植农业（植物工厂）、林业、草业、海业、沙业等。它将高科技伸向广阔的田野、山林、草原、海洋和沙漠。它对改善生态环境、消灭城乡差别、实现城乡融合将带来意想不到的效果。高科技进入第一产业，表明各层次产业本身也会向高层次发展。这里也体现了螺旋式上升规律。

总之，产业结构的变革是导致城市产生与发展的根本原因。它将社会资源（包括人力资源和物质资源）不断地从第一产业转向第二产业，再转向第三、四、五等产业。这种产业向高度演化的过程，促进了城市化的发展，改变了城市的结构以至城乡关系。

钱学森提出了随着社会生产的发展，出现新的产业的概念。由于科学革命推动生产力发展，使得社会生产在某一方面迅速繁荣起来，影响到社会经济生活的各个方面，所形成的一种生产性的企业或组织，就是一种新的产业。它是适应新的市场需求的。至今许多人还习惯于只把社会产业划分为第一、二、三产业的概念。我们应当敏锐地看到，当历史跨入新的阶段时，新的产业会应运而生。

人口随产业的高层次化而转移，伴随着人口分布形态从分散到集中到分散的变化，同时各层次产业发生质的提高。这也可看作是一种螺旋式曲线上升的变化。

另一方面，城市化的发展（不论是基于第几产业）促进了投资硬环境与软环境的改善，这会反过来促进各层次产业的发展，即城市化的发展与产业的发展之间具有互动（相互促进）的作用（图1-22）。

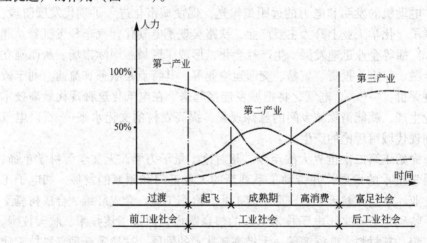

图1-22　产业发展与城市发展关系图

（三）农业文明—工业文明—生态文明

就各时期文明的基本特征而言，人类自摆脱蒙昧状态（有史）以来，是从农业文明经过工业文明进入生态文明的。农业文明是基于分散的自然经济，人类基本上能与自然环境和谐相处。18世纪工业革命以来，工业文明奠定了现代化经济和文明的基础，但却导致了自然环境的大规模被破坏。生态文明则是随着社会经济、文化的高度发展，人类进入环境觉醒时代。美国的著名城市学家芒福德认为，当今世界是处于残秋时代的工业文明与早春时期的生态文明相交替的阶段。面对生态文化，他提出了有机规划和人文主义规划的城乡规划设想。

在生态时代的世界经济，应转向可持续发展型的经济。世界观察研究所所长莱斯特·布朗与高级副所长克里斯托弗·弗莱文撰文指出"西方工业模式——在本世纪曾极大地提高了人类生活水平的以矿物燃料为基础❶、以汽车工业为核心、一次性产品充斥的经济，正陷入困境"。"自然界面临的前所未有的威胁……会导致经济衰退。……滥伐森林的速度惊人，地下水位持续下降，气候变化愈发无常，这些现象都会给今后数十年的世界各国经济造成破坏。在过去100年里，全球人口增加了40多亿。这个数字是20世纪初人口的3倍，消耗的能源和原材料则是那时的10倍以上。这些趋势不可能再持续许多年。……今天的许多学者沉迷于信息技术，似乎已忘却了我们的现代文明完全建立在生态基础之上，而我们的经济现在却在侵蚀这个基础"。他们呼吁要"用足够快的速度进行改革"。他们认为，"向有利于保护环境的可持续发展经济的转变可能是与工业革命一样深刻的变革"。并认为"这种经济体系的大致轮廓已开始显现。……从一度对自然资源采取竭泽而渔的做法转向以可再生资源为基础，重复或循环利用资源的经济。……以太阳能为能源，以自行车和铁路为基础……对能源、水资源、土地资源和原料的利用要比我们今天的效率高得多，也明智得多"，"这有赖于全球的通力合作……富裕国家应采取一致的行动来解决贫困问题"，"我们还将需要一种新的认识和新的价值观……需要一套……新道德规范。……人类在获得新的人权的同时，需要承担一整套新的责任——对自然界和对后代承担的责任"。他们指出，"扭转环境恶化趋势的一个关键是对导致环境恶化的活动征税"，如德国把工资税降低2.4%，以同样的幅度提高能源税。欧洲在一些作为太阳能经济的基础的工业中居领先地位，发展了风力发电。我国在利用太阳能和风力发电方面也已取得了初步的成就。

在这里，我们再次看到，在人类与自然生态环境相互关系的历史方面，也是经历了一条螺旋式上升的变化。

第四节　城　市　化

一、城市化的概念

城市化是18世纪产业革命以后社会发展的世界性现象，世界各国先后开始从以农业为主的传统乡村社会转向以工业和服务业为主的现代城市社会，这是一个必然的历史过程。探索城市化发展的普遍规律，预测其发展前景，对确定适合本国国情的城市发展道路以及制定相应的城市发展战略具有重要的意义。

城市化是乡村变成城市的一种复杂过程。对这一过程的理解，不同学科有很大的差别。归纳起来有社会学的、人口学的、经济学的和地理学的不同概念。

社会学家认为，城市化是一个城市生活方式的发展过程。它意味着人们不断被吸收到城市中，并被纳入城市的生活组织中去；而且还意味着随城市发展而出现的城市生活方式的不断强化。

人口学家认为城市生活方式的扩大是人口向城市集中的结果。因此，城市化就是人口向城市集中的过程，这种过程可能有两种方式，一是人口集中场所（即城市地区）数量的增加；二是每个城市地区人口规模的不断增加。

---

❶ 矿物燃料指煤炭、石油、天然气等——编者

从经济学的角度来看，城市生活方式是一种以非农业生产为基础的生活方式。人口向城市集中是为了满足第二产业和第三产业对劳动力的需要而出现的。因此，他们把城市化看成是由于经济专业化的发展和技术的进步，人们离开农业经济向非农业活动转移并产生空间集聚的过程。

从地理学的角度来看，第二、第三产业向城市的集中就是非农业部门的经济区位向城市的集中，人口向城市的集中也是劳动力和消费区位向城市的集中。这一过程包括在农业区甚至未开发区形成新的城市，以及已有城市向外围的扩展，也包括城市内部已有的经济区位向更集约的空间配置和更高效率的结构形态发展。

上述对城市化的不同理解，不是相互抵触，而是相互补充的关系。城市化过程是一种影响极为深广的社会经济变化过程。它既有人口和非农业活动向城市的转型、集中、强化和分异，以及城市景观的地域推进等人们看得见的实体变化过程，也包括了城市的经济、社会、技术变革在城市等级体系中的扩散并进入乡村地区，甚至包括城市文化、生活方式、价值观念等向乡村地域扩散的较为抽象的精神上的变化过程。前者是直接的城市化过程，后者是间接的城市化过程。

由于城市化过程本身的复杂性，它几乎成为整个社会科学所共有的研究对象。人口学、人类学、历史学、地理学、社会学、经济学、政治学、城市规划学科等都将城市化作为自己的研究课题。

从纵剖面上看，对城市化也有不同的理解。国外有人把城市化过程追溯到几千年前城市出现的年代，分古代的城市化和现代的城市化。国内也有人把城市在地球上出现之日起到乡村城市化完成、城乡融合时止这样一个长过程作为城市化过程。更多的人则认为城市化只是工业革命以来开始的过程。

18世纪后半叶工业革命开始以后，现代工业从手工业和农业分化出来，开始了第二、第三产业和人口向城市集中的持续不断的世界性过程。工业革命以来，社会生产力得到了巨大发展，城市作为这种先进生产力的空间组织形式也得到迅猛发展，逐渐成为社会生产和生活的主导力量。

可以说，城市化的实质含义是人类进入工业社会时代，社会经济发展中农业活动的比重逐渐下降和非农业活动的比重逐步上升的过程。与这种经济结构的变动相适应，出现了乡村人口的比重逐渐降低，城市人口的比重稳步上升，居民点的物质面貌和人们的生活方式逐渐向城市型转化或强化的过程。

二、城市化水平的度量指标

由于城市化是非常复杂的社会现象，对城市化水平的度量难度也很大。通常对城市化水平的度量指标有单一指标和复合指标两种。一般认为，单一指标在反映内容如此丰富的城市化特点上较困难，但在实际上又始终找不到理想的、在时空上可比较的、能被大家接受的复合指标。

单一指标度量法即通过某一最具有本质意义的、且便于统计分析的指标来描述城市化水平。虽然有多个指标都可以在一定程度上反映城市化水平，但能被普遍接受的是人口统计学指标，其中最简明、资料最容易得到、因而也是最常用的指标是城镇人口占总人口比重的指标。它的实质是反映了人口在城乡之间的空间分布，具有很高的实用性。

计算公式为：　　　　　　　　　　　　$PU = U/P$

式中　PU——城市化水平；

　　　U——城镇人口；

　　　P——总人口。

城镇人口占总人口的比重作为城市化水平指标的主要缺陷是各国城镇定义标准相差甚远，缺乏可比性。这使得一些地理位置相邻、人口规模相近、经济水平相当的国家，出现了城市化程度的不合理差异。如北欧的瑞典、丹麦、冰岛（设市标准为 200 人）的城市化水平分别为 83%、84% 和 88%；而同时期挪威、芬兰（设市标准为 2 万人）的城市化水平却只有 44% 和 62%，这显然是因为其设市标准相差 100 倍而导致的不真实反映。其次，由于行政区划的变更和社会政治因素的影响，也会导致城镇人口的突变，造成城市化水平忽高忽低，缺乏连续性。

三、城市化的进程与特点

（一）城市化的阶段规律

城市化作为世界性现象，其过程有着一般阶段性规律。美国城市地理学家诺瑟姆（Ray M. Northam）1979 年在研究了世界各国城市化过程所经历的轨迹后，把一个国家和地区城市化的变化过程概括为一条稍被拉平的 S 形曲线，并将城市化过程分成三个阶段，即城市化水平较低和发展较慢的初期阶段，人口向城市迅速集聚的中期加速阶段和进入高速城市化以后城市人口比重的增加又趋缓慢甚至停滞的后期阶段（图 1-23）。

初期阶段（城镇人口占总人口比重在30% 以下）：这一阶段农村人口占绝对优势，工农业生产力水平较低，工业提供的就业机会有限，农业剩余劳动力释放缓慢。

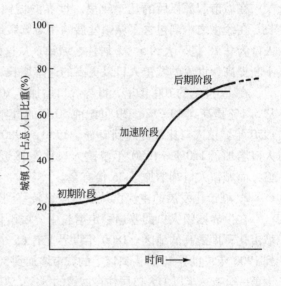

图 1-23　城市化过程的 S 形曲线

因此，要经过几十年甚至上百年的时间，城镇人口比重才能提高到 30%。

中期阶段（城镇人口占总人口比重在 30%～70% 之间）：这一阶段由于工业基础已比较雄厚，经济实力明显增强，农业劳动生产率大大提高，工业吸收大批农业人口，城镇人口比重可在短短的几十年内突破 50% 进而上升到 70%。

后期阶段（城镇人口占总人口比重在 70%～90% 之间）：这一阶段农村人口的相对数量和绝对数量已经不大。为了保持社会必需的农业规模，农村人口的转化趋于停止，最后相对稳定在 10% 左右，城镇人口比重则相对稳定在 90% 左右的饱和状态。后期的城市化不再主要表现为变农村人口为城镇人口的过程，而是城镇内部的职业构成由第二产业向第三产业的转移。

从世界范围看，工业革命的浪潮从英国起源，继而席卷欧美以至全世界。从此，世界从农业社会开始迈向工业社会，从乡村时代开始进入城市时代（表1-4）。

世界主要国家城市化水平　　　　　　　　　　表1-4

国　名	城市化水平（%）	国　名	城市化水平（%）
英国	89	中国	29
法国	73	印度	27
德国	86	埃及	45
日本	78	土耳其	67
美国	76	智利	86
加拿大	67	墨西哥	75

注：资料来源：世界银行《1995年世界发展报告》。

（二）世界城市化进程的特点

1. 城市化增长势头猛烈而持续

在城市起源以后的几千年里，世界的城镇人口和城镇人口比重呈很低水平的缓慢增长。在缓慢之中则包含了城镇发展的相对繁荣地区在不同时期的频繁变动。1800年世界总人口为9.78亿，大约5.1%居住在城镇。从这以后态势完全改变，世界人口的自然增长率不断提高，世界的城镇人口以更高的速率增长，城市化的发展迅猛异常，势不可挡。

在19世纪的100年里，世界人口增加了70%；城镇人口增加了340%；城镇人口比重从5.1%提高到13.3%。20世纪前50年的世界人口增加了52%，城镇人口增加了230%。1950年城镇人口比重提高到29%。1950～1980年的30年中，世界人口增加了75%，城镇人口增加了150%。1980年城镇人口比重接近40%。这180年里，世界人口增加了3.5倍，而城镇人口却增加了35倍有余。

2. 城市化发展的主流已从发达国家转移到发展中国家

在世界城镇人口的普遍稳定增长中，城市化发展的主流是有变化的。欧洲曾经是世界城市化程度最高的地区。1800年世界上有65个10万人口以上的城市，只有21个在欧洲；到1900年，世界10万人口以上的城市增加到301个，欧洲却占了148个。英国在1850年成为第一个有一半以上人口居住在城镇的国家。20世纪初，美洲的城镇发展具有更快的速度。

世界发达地区的城市化在1925年前后达到高潮，以后其主流又逐渐到了欠发达地区，尤其是20世纪中叶以来，亚洲和非洲的城镇发展势头尤为迅猛。

1800～1925年期间，现在的发达地区占当时世界总人口的比重从27.9%上升到36.7%，其城镇人口占世界城镇总人口的比重从40%上升到71.2%，发达地区的城市化水平从7.3%上升到39.9%。发达地区的乡村人口经历了100多年相对比重的不断下降以后，1925年开始进入绝对量也下降的过程，使城市化水平迅速在1980年达到70%。但是，由于1925年以后发达地区的人口增长率趋于下降，它在世界人口和城镇人口中的比重也从高峰下落。

现在的欠发达地区，在1800年时城镇人口大约3000万，比发达地区还多1000万。但是因为城市化起步晚，发展速度慢，到1850年发达地区的城镇人口数追上了不发达地区，此后差距越拉越大。1925年时，欠发达地区总人口占世界63.3%，城镇人口占世界28.8%。1800～1925年期间的城市化水平相应只从4.3%上升到9.3%。20世纪20～30年代以后，特别是 50 年代以后，欠发达地区的城镇人口增长突然加速，年增长率在 1925～1980 年期间接近甚至超过 4%，1950～1960 年期间最高曾达到 4.68%，这种速度不仅超过同时期的发达地区，而且比发达地区以往的最高速度还要快。1975 年，欠发达地区的城镇人口数开始超过发达地区，而且差距也越拉越大，目前约集中了世界全部城镇人口的 60%。只是因为欠发达地区的乡村人口基数很大，且增长速度也很快，所以城市化的水平还远远落后于发达地区，1980 年时只有 30%左右。

3. 人口向大城市迅速集中，使大城市在现代社会中居于支配地位

这主要表现在 10 万人以上城市的人口占世界城镇人口比重不断提高。1950 年为 56.34%，1960 年为 59.01%，1970 年为 61.51%，1975 年已达到 62.25%。而 10 万人以下的城镇所占比重不断下降。城市规模级越高，人口的发展速度越快。不同规模级城市的个数和在城镇人口中的比重也有类似的发展趋势。同时，大城市在地域空间的不断扩展，形成了许多以一个或几个城市为中心，包括周围城市化地区的巨大城市集聚体，在统计单元上常称大都市区。许多大都市区还首尾相连，形成了若干个包括几千万人口的大都市带。

四、城市化进程与经济发展

（一）城市化的动力机制

城市化的发生与发展遵循着共同的规律，即受着农业发展、工业化和第三产业崛起等三大力量的推动与吸引。

1. 农业发展是城市化的初始动力

城市化进程的本身就是变落后的乡村社会和自然经济为先进的城市社会和商品经济的历史过程。它总是首先在那些农业分工完善、农村经济发达的地区兴盛起来，并建立在农业生产力发展达到一定程度的基础之上。

农业发展是城市化的初始动力，首先表现在为城镇人口提供商品粮。可以说，一个国家农业提供商品粮的数量多少，是决定该国城镇人口数量多少的关键因素之一。商品粮越多，则工业化进行的速度也就越快；反之，则势必大大滞缓城市化的进程。这样，农业劳动生产率的高低，就表明了农业给予城市化的动力之强弱。以每个农业劳动者提供商品粮数量为例，1980 年代中国为 2000 斤/人·年，日本为 6000 斤/人·年，德国为 2.5 万斤/人·年，美国则为 13 万斤/人·年。这种农业供给能力的差异最终反映为城市化水平的差异。

其次，表现在为城市工业提供资金原始积累。城市化是以大规模的机器大工业生产为主要标志的，在工业化这台高速运转的"机器"后面，正是由农业提供了其所需的资金原始积累。

第三，农业为城市工业生产提供原料。许多工业都是建立在农业原料的稳定供给基础之上的，否则工业发展只能是"无米之炊"和"无源之水"。许多工业化国家，都是从轻纺工业开始工业化的起步，轻纺工业所需的棉、麻、丝、羊毛、牛皮、烟草、林木、香料等无不取之于农业。

第四，为城市工业提供市场。广大的农村不仅担负着原料供给者的重任，也是城市大工业产品的消费者。离开了农村这个大市场，城市工业的发展空间将变得极为局促和狭小，并有在激烈的竞争中窒息的危险。

第五，为城市发展提供劳动力。早期工业化的发展大多为劳动密集型产业。它们需要成千上万、源源不断的劳动大军补充到大工业中。这些人力资源只能来自农村，即由于农业劳动生产率的提高所释放出来的剩余劳动力。

2. 工业化是城市化的根本动力

无论是近代还是现代，工业化导致了人口向城市集聚。这已成为一个国家城市化进程中至关重要的激发因素，是城市化的根本动力。

在工业化过程中，由于其自身的经济规律所驱使，导致了不可逆转的人口与资本向城市聚集的倾向，从而使工业化与城市化呈现十分明显的正相关性。战后世界人口统计资料表明，一个国家或地区城镇人口占总人口比重，与城镇工业部门职工占总职工数（即国家经济各行业社会劳动者）的比重是密切相关的。在世界各大地区内，工业职工比重与城镇人口比重的比率一般在40%～60%之间。一般说来，在地区工业化初期，由于绝大部分劳动者集中于农业部门，工业部门相对较弱，二者比率一般较低；在地区工业化高度发达后期，由于第三产业职工大幅度增加，工业职工比重也明显下降，城镇人口比重又明显上升，也表现为二者比率下降的趋势。

3. 第三产业是城市化的后续动力

随着工业化国家的产业结构调整，第三产业开始崛起，并逐渐取代工业而成为城市产业的主角，第三产业成为城市化后续动力。其作用主要表现在两个方面：一是生产性服务的增加，商品经济高度发达的社会化大生产，要求城市提供更多更好的服务性设施。如企业生产要求有金融、保险、科技、通信业的服务；产品流通要求有仓储、运输、批发、零售业的服务；市场营销要求有广告、咨询、新闻、出版业的服务；工业的专门化程度越高，越要求加强横向协作与交流。二是消费性服务的增加。随着经济收入的提高和闲暇时间的增多，人们开始追求更为丰富多彩的物质消费与精神享受，如住房、购物、文化教育、体育娱乐、医疗保健、旅游度假、法律诉讼、社会福利等。

以上的各种需求促进了城市第三产业的蓬勃发展，并带来就业机会与人口的增加。《世界发展报告》的统计表明，在1960～1980年期间，发达国家在制造业中就业的人数比重一直徘徊在38%左右，制造业产值比重则从40%降为37%；但同期城市化水平却反而从68%上升到78%。究其原因，就是第三产业的拉动所致。这段时期的第三产业就业人数比重从44%提高到56%，第三产业的产值比重也从54%提高到60%。

（二）城市化进程与经济发展的关系

一个国家和地区的城市化水平受到很多因素的影响，这些因素有国土大小、人口多寡、历史背景、自然资源、经济结构和划分城乡人口的标准等。但在所有因素中，城市化水平与经济发展之间的关系最为密切。

诺瑟姆认为城市化水平与经济发展水平之间是一种粗略的线性关系，即经济发展水平越高，城市化水平也越高。如果把1989年世界上168个国家和地区按城市化水平从低到高排列分组，则各组人均GNP亦呈现出同样的由低到高的顺序变化，即城市化水平分别为30%以下、30%～50%、50%～70%、70%以上时，人均GNP分别为1000美元以下、1000～3000美元、3000～7000美元、7000美元以上。

城市化水平与经济发展水平之间的密切关系，首先反映出经济发展推动了城市化的进程。由于经济收入的提高，人们的需求也得以提高。在众多的商品中，农作物产品（如粮食）的需求收入弹性较低，人们对该类产品的实际需求会随收入增长而相对减少；相反，制造业产品（如电视机、时装、汽车）和服务业（如旅游、保健、美容）的需求收入弹性较高，收入增长导致对它们的需求更快地增长。这就产生了需求结构随收入提高而转型的倾向。变化了的需求结构必然带动投入结构（资本与劳动的投入）和产出结构相应由第一产业向第二、第三产业的大规模转移，由此城市化进程得以加快。同时，城市化过程又会促进经济发展。城市化使人口和资本由分散无序状态变为高度集中的有序状态，使生产要素得以合理组织，先进技术得以大规模采用，劳动生产效率得以大幅度提高。这样，城市中创造和积累的财富就远远超过了农村。日本的一份研究资料表明，同样的投入在第一、二、三产业中所创造的价值十分悬殊，大体比例为1：100：1000。可见，第二、三产业高度密集的城市，在其自身发展的同时，也大大提高了国民经济的总体水平。

五、城市化进程与社会发展的关系

城市化进程的本身是社会发展的过程。随着城市化的进展，城市也在现代化。即城市的各项基础设施和各种建筑物日益为最新的技术成果所装备，城市的环境日益改善，人们的工作和生活条件日益舒适、方便。工业化推动城市化，第三产业的发展和科学技术的发展又进一步推动了城市化，也加快了城市现代化的步伐。城市化与城市现代化互相作用和影响。

人类社会发展的历史充分证明，现代化社会与人类有史以来所追求的目的是吻合的。而要达到这一目的，惟一有效的综合性手段就是城市化。从已实现了现代化的发达国家来看，都是在城市化的过程中实现的。正因为如此，当前国际上已习惯于把一个国家的城市化水平作为衡量该国经济和社会现代化程度的标志之一。可以说，没有城市化也就没有现代化。

从现代化标志的外在存在形态上看，现代化的建筑物、交通工具、基础设施、生活设施，现代化的组织机构、科研机构、文学艺术机构，现代化的机器设备、工厂，现代化的娱乐场所、商店、学校、宾馆、饭店，……都源于城市，并且绝大部分都聚集在城市。它们通过城市化的过程得到发展和强化，并通过城市化的过程向乡村传播和扩散。乡村中所拥有的一切现代化的生产设备、生活设施、物质产品无一不是直接或间接地来自于城市。从现代化标志的内在本质来看，人的思想、意识、观念、价值取向、人际关系的现代化也都是而且只能是在城市化的过程中逐步产生和发展。从人口的角度而言，城市化过程是人口从乡村地区流入城市以及人口在城市的集中。因此，城市化过程除了其经济意义外，城市也成为了社会和文化交往的中心。愈来愈多的人口在城市条件下生活，城市生活方式和兴趣便趋向于影响全部文明。

第二章 城市规划的基本概念

第一节 城市规划的概念

城市规划是对一定时期内城市的经济和社会发展、土地利用、空间布局以及各项建设的综合部署和全面安排。

对城市规划的认识可以从学科意义和实践行为两个方面加以把握。从学科意义上看，城市规划是这样一个过程，它通过确定城市未来发展目标，制定实现这些目标的途径、步骤和行动纲领，并据以对社会实践进行调控，从而引导城市的健康发展。城市规划作用的发挥主要是通过对城市空间，尤其是土地使用的分配和安排来实现。从实践行为上看，城市规划作为一项社会实践，总是在一定的社会制度的背景及其发展过程中运作的。现代城市规划的兴起与公共政策、公共干预密切相关，城市规划表现为一种政策行为。根据现代行政法制的原则，城市规划行政管理的各项行为都要有法律的授权，并依法施行管理。

一、城市规划与行政权力

对城市进行规划，实施规划管理，涉及对自然规律和社会规律的把握，因此城市规划是一门综合性、技术性很强的学科。城市规划在实践中又表现为对资源的配置，涉及社会各方面的利益关系，涉及资源开发利用的价值判断和对人们行为的规范。显然无论是对城市发展的有意识、有计划的主动行为，还是对各项开发活动的被动控制，都必然联系到权威的存在及权力的应用。按法国学者拉卡兹（Jean-Paul Lacaze）的说法"人们可以对城市规划进行更深入的理论分析，但是为此必须同意将它作为权力行为来研究，以便理清政治管理的决策，意识形态和专业实践经验各个范畴之间的关系"。

纵观世界各国，城市的建设和管理都是城市政府的一项主要职能，城市规划无不与行政权力相联系。

二、城市规划行政与立法授权

城市规划作为城市政府的一项职能，在不同国家有不同的起因和不同的立法授权方式，但是政府的规划行政权力来源于立法授权却是共同的。

（一）英国城市规划行政的立法授权

英国城市规划作为城市政府的职能起源于公共卫生和住房政策。19世纪的工业革命大大发展了生产力，同时也造成了城市人口的急剧聚集，产生了严重的公共卫生问题，引起社会不安甚至动荡，从而迫使政府采取对策。为了克服人口过密以及不适的卫生条件给城市带来的经济代价和社会政治代价，就必须对市场经济的自发行为以及私人财产权益加以公共干预。18世纪英国在公共卫生方面的立法就是在这样的背景下产生的。为了使城市能够达到适当的卫生标准，地方当局被授权制定和实施地方性的法规。这些法规的内容包括对街道宽度的控制，对建筑高度、结构及平面布局的规范等。

城市公共卫生方面政策的成功和经验导致这种公共政策扩展到对城市开发的规划。1909 年英国颁布了第一部城市规划法律《住房和城市规划法》。这部法律授予地方当局编制用于控制新住宅区发展规划的权力。

从 1909 年至今，英国的城市规划法已多次修改，城市规划方面的法律已增加到几十部。在城市规划方面的法律对地方政府的行政授权已十分详尽，其内容也随社会经济条件的变化而在不断调整更新。

（二）中国城市规划行政的立法授权

中国于 1990 年施行的《中华人民共和国城市规划法》，第一次以国家法律的形式规定了城市规划制定和实施的要求，明确了规划工作的法定主体和程序。《中华人民共和国城市规划法》的第十一条、第十二条明确规定："国务院城市规划行政主管部门和省、自治区、直辖市人民政府应当分别组织编制全国和省、自治区、直辖市的城镇体系规划"，"城市人民政府负责组织编制城市规划。县级人民政府所在地的城市规划，由县级人民政府负责组织编制"。

《中华人民共和国城市规划法》同时赋予了城市人民政府和县级人民政府及其城市规划行政主管部门在审批、修改、公布、实施城市规划，以及城市规划行政执法方面的种种必要权力。我国通过城市规划法及其相关法规、配套法规的建设，使各级城市规划行政主体获得了相应的授权，规划行政管理的原则、内容和程序也得到了明确，从而使城市规划行政实现了有法可依，使城市规划走上法制化的轨道。

三、城市规划的地位和作用

（一）城市规划的地位

城市是国家或一定区域的政治、经济、文化中心，城市的建设和发展是一项庞大的系统工程，而城市规划是引导和控制整个城市建设和发展的基本依据和手段。城市规划的基本任务，是根据一定时期经济社会发展的目标和要求，确定城市性质、规模和发展方向，统筹安排各类用地及空间资源，综合部署各项建设，以实现经济和社会的可持续发展。城市规划是城市建设和发展的"龙头"，是引导和管理城市建设的重要依据。

无论从世界各国，还是从中国建国以来各个历史时期的情况来看，城市规划均被作为重要的政府职能。从一定意义上说，城市规划体现了政府指导和管理城市建设与发展的政策导向。改革开放以来，随着社会主义市场经济体制的逐步建立和完善，政治和行政体制的改革，城市政府职能由计划经济体制下的直接干预和管理经济，逐步转变为政策制定和公共事务管理与服务。城市规划在政府职能中居于越来越重要的地位。城市规划以其高度的综合性、战略性、政策性和特有的实施管理手段，优化城市土地和空间资源配置，合理调整城市布局，协调各项建设，完善城市功能，有效提供公共服务，整合不同利益主体的关系，从而为实现城市经济、社会的协调和可持续发展，维护城市整体和公共利益等方面，发挥着愈益突出的作用。城市规划日益成为市场经济条件下政府引导、调控城市经济和社会发展的重要手段。

（二）城市规划的作用

城市规划的基本作用，就是通过科学编制和有效实施城市规划，合理安排城市土地和空间资源的利用，综合部署各项建设，从而使城市的各项构成要素相互协调，保证经济社会的协调和有序发展。城市规划对于城市建设和发展的作用，可以从多方面、多角度去认识，主要的是综合和协调作用，控制和引导作用。

1. 城市规划的综合和协调作用

城市规划的一个显著特点，是具有高度的综合性和协调能力。城市是一个十分复杂的社会巨系统，从空间上来说，它涵盖了政治、经济、文化和社会生活等各个领域，涉及各个部门、各行各业，包括各项设施和各类物质要素。从时间上来说，城市的建设和发展是一个漫长而逐步演变的过程。城市各个组成部门、各个方面对于城市资源的使用和开发建设行为、城市建设和发展的各种影响因素，都会直接或间接地反映到城市空间中来，且往往彼此之间存在着矛盾和冲突。城市规划依据城市整体利益和发展目标，综合考虑城市经济、社会和资源、环境等发展条件，结合各方面的发展需求，在空间上，通过合理布局，统筹安排和综合部署各项用地和建设，合理组织城市中各种要素，协调各方面的关系；在时间上，在保持历史、文化传统延续性的基础上，正确处理城市远期发展和近期建设的关系，安排好城市开发建设的步骤和时序。通过规划的有效和持续实施，把各部门和各方面的行为和活动统一到城市发展的整体目标和合理的空间架构上来。城市规划具有对于城市时空发展的高度综合性和协调性，它通过综合和协调城市各个部门在城市建设和发展方面的决策，实现城市经济和社会的协调和可持续发展。

2. 城市规划的控制和引导作用

城市规划的基本功能和作用，是通过有效的管理手段和政策引导，控制和规范土地利用和开发建设行为。在计划经济条件下，由于计划管理具有较强的调控作用，社会结构和利益主体相对比较单一，城市规划作为国民经济计划的延伸和具体化，其主要作用是通过编制和实施规划，将国民经济计划落实在地域空间上。在社会主义市场经济条件下，随着经济体制的转变，市场经济机制在资源配置和经济社会发展中发挥着主要作用，投资主体和利益主体日趋多元化。市场经济自发作用的盲目性，各个利益主体对自身利益的追求，往往对城市整体利益和公众利益构成负面影响。传统的计划管理手段难以对这一局面进行有效控制，而依据城市规划，运用法定的带有强制性的规划管理手段，能够有效控制和修正有可能危害城市整体利益和公众利益的建设行为。通过经济、行政和政策调控等种种方式，将开发建设活动引导到城市规划确立的发展轨道上来，从而保证市场经济和城市建设的有序、有效运行，维护城市全局和公共利益。城市规划特有的控制和引导作用，使城市规划成为政府对市场经济进行干预和调控的重要手段。

（三）城市规划的意义

1. 城市规划是经济、社会和环境在城市空间上协调、可持续发展的保障

城市是经济、社会发展的载体，是人类社会存在的最基本的空间形式。城市规划制定的目的是为了促进一定时期内城市经济、社会和环境发展目标的实现。其核心内容是土地使用规划，优化城市土地资源的配置；使各种物质要素形成合理的布局结构，正确处理好近期建设和长远发展、局部利益和整体利益，经济发展与资源、环境保护之间的关系等；保障经济、社会和环境建设在城市空间上协调、可持续的发展，为居民创造良好的生活和工作环境。例如深圳市机场，原拟建在福田，但福田是城市规划确定的城市中心，当时尚未发展。后经规划部门协调，机场改在了黄田。现在看，福田已经发展成为深圳市的中心，如果当时没有城市规划的控制，深圳市的发展将受到很大影响。

2. 城市规划是城市政府进行宏观调控的重要手段

在计划经济体制下，城市规划被作为国民经济计划的继续和具体化。城市规划是为确保国民经济计划的实施，而对国家制定的各个时期发展计划在地域空间上的具体落实。在社会主义市场经济体制下，市场调节对于资源配置和经济运行发挥着基础性作用。城市中很多物质要素建设，是通过市场运作得以实现的。但是，经济活动必然会产生一些外部的负面效应，而且，往往各类经济活动所产生的经济利益大部分归投资者所拥有。其产生的负面效应却推给了社会，导致社会公共利益受损，这就需要政府对市场运行进行干预和引导。在社会主义市场经济条件下，各项建设的投资主体趋于多元化，仅仅通过政府的计划管理难以完全达到上述目的。城市政府既需要通过国民经济和社会发展计划，又需要利用城市规划对土地和空间资源的优化配置作用，对市场运行进行宏观调控，以维护社会公众利益，促进市场健康运行。例如：温州市自 20 世纪 80 年代中期以来，在城市总体规划的指导下，通过精心编制和严格实施控制性详细规划和土地供给规划及年度计划，规范了土地出让活动，有效地控制了土地投放量，实现了土地供给与城市发展相协调。不仅保证了房地产开发及其市场的有序、平稳发展，提高了土地使用率，同时，还为政府积累了城市建设的宝贵资金。

3. 城市规划是城市政府制定城市发展、建设和管理相关政策的基础

从某种意义上讲，经批准的城市总体规划本身就是一种关于城市未来建设和发展的基本政策。城市总体规划的战略性、综合性和对城市发展的指导作用，决定了城市总体规划是城市政府制定城市建设和发展某些方面政策的主要内容。城市规划为城市土地利用、房地产开发和各项建设活动提供了政策引导，同时也可以指导政府各部门的管理行为。因此，依法批准的城市规划是全社会共同遵守的准则。

4. 城市规划是城市政府建设和管理城市的基本依据

城市是一个有机的大系统，城市建设是一项庞大的、复杂的系统工程。每项建设都不是孤立的，一个工业项目的建设涉及到交通运输、供电、供水排水、通讯等条件和配套设施对环境的影响以及各项管理的要求等。住宅建设则是社区建设的重要内容，涉及中小学、幼托、商店、医院、文娱设施等公共建筑建设，水、电、煤气、通讯等市政设施建设，环境绿化建设以及公共交通的配置等等，可谓"牵一发，动全身"。如何保证各项建设在空间上协调配置，在时间上可持续发展，这就需要通过城市规划的制定，对各项建设做出综合部署和具体安排，并以此为依据进行建设和管理。因此，要把城市建设好、管理好，首先必须规划好。

第二节　城市规划体系

英国于 1909 年颁布的《住房和城市规划法》，要求英国各级政府成立城市规划行政主管部门，并授权城市规划行政主管部门对城市规划、建设、开发活动进行控制和管理，标志着世界范围内第一个国家城市规划体系在英国形成。一个国家的城市规划体系包括城市规划法规体系、城市规划行政体系和城市规划运作（规划编制和开发控制）体系三个基本组成部分。其中，城市规划法规体系是现代城市规划体系的核心，为城市规划行政和城市规划运作提供法理依据。

一、城市规划法规体系

现代城市规划作为政府行政管理的法定职能，遵循依法行政的原则。与政府行政管理的其他法定职能一样，城市规划的法规体系包括主干法及其从属法规、专项法和相关法（表2-1、表2-2、表2-3）。

现行英国城市规划法规体系 表2-1

主干法	《城乡规划法》（1990年）
从属法规	《城乡规划（用途类别）条例》（1987年） 《城乡规划（环境影响评价）条例》（1988年） 《城乡规划（发展规划）条例》（1991年） 《城乡规划（听证程序）条例》（1992年） 《城乡规划上诉（监察员决定）（听证程序）条例》（1992年） 《城乡规划（一般许可开发）条例》（1995年） 《城乡规划（一般开发程序）条例》（1995年） 《城乡规划（环境评价和许可开发）条例》（1995年） 《城乡规划（建筑物拆除）条例》（1995年）
专项法	《规划（历史保护建筑和地区）法》（1990年）
相关法	《环境法》（1995年） 《保护（自然栖息地）条例》（1994年）

现行中国城市规划法规体系 表2-2

分　类	内　容	法律	从属法规	技术标准及技术规范
城市规划管理	综合	中华人民共和国城市规划法		城市规划基本术语 建筑气候区划标准 城市用地分类与规划建设用地标准
城市规划编制审批管理	城市规划编制与审批		城市规划编制办法 城镇体系规划编制审批办法 建制镇规划建设管理办法	城市规划编制办法实施细则 城市总体规划审查工作规则 省域城镇体系规划审查办法 村镇规划编制办法 历史文化名城保护规划编制要求 城市居住区规划设计规范 村镇规划标准
城市规划实施管理	土地利用		城市国有土地使用权出让转让规划管理办法 城市地下空间开发利用管理规定	
	公共设施		停车场建设和管理暂行规定	停车场规划设计规则（试行）
	市政工程		关于城市绿化规划建设指标的规定	城市道路交通规划设计规范 城市工程管线综合规划规范 城市防洪工程设计规范 城市给水工程规划规范 城市电力规划规范
	特定地区		开发区规划管理办法	

分 类	内 容	法律	从 属 法 规	技术标准及技术规范
城市规划实施监督检查管理	行政监察与档案		城建监察规定 城市建设档案管理规定	
城市规划行业管理	规划编制单位资格		城市规划编制单位资格管理规定	城市规划设计收费标准（试行） 城市规划设计收费标准说明
	规划师执业资格		注册城市规划师执业资格制度暂行规定 注册城市规划师执业资格认定办法	

我国现行城市规划相关法律规范文件　　　　　表 2-3

内 容	法律	行政法规	部门规章
土地及自然资源	土地管理法 环境保护法 水法 森林法 矿产资源法	土地管理实施条例 建设项目环境保护管理条例 风景名胜区管理暂行条例 基本农田保护条例 自然保护区条例 城镇国有土地使用权出让转让暂行条例 外商投资开发经营成片土地暂行管理办法	风景名胜区建设管理规定
历史文化遗产保护管理	文物保护法		文物保护法实施细则
市政建设与管理	公路法 广告法	城市供水条例 城市道路管理条例 城市绿化条例 城市市容和环境卫生管理条例	城市生活垃圾管理办法 城市燃气管理办法 城市排水许可管理办法 城市地下水开发利用保护规定
工程建设与建筑业管理	建筑法 标准化法	建筑工程勘察设计合同条例 中外合作设计工程项目暂行规定 注册建筑师条例	建筑设计规范 建筑设计防火规范 工程建设标准化管理规定
房地产业管理	房地产管理法	城市房地产开发经营管理条例 城市房屋拆迁管理条例 城镇个人建造住宅管理办法	城市新建住宅小区管理办法
防灾管理	人民防空法 地震法 消防法		
保密管理	军事设施保护法 保守国家秘密法		
行政执法法制监督	行政复议法 行政诉讼法 行政许可法 行政处罚法 国家赔偿法	国家公务员暂行条例	

（一）主干法及其从属法规

城市（乡）规划法是城市规划法规体系的核心，因而又被称作主干法。其主要内容是有关规划行政、规划编制和开发控制的法律条款。每一部新城市规划法的诞生往往标志着城市规划体系又进入了一个新的历史阶段，表现在规划行政和规划运作方面的重大变革，需要由相应的规划法规提供法定依据，以适应政治、经济、社会、环境和技术等方面的背景变化。

尽管各国城市规划主干法的详略程度不同，但都具有纲领性和原则性的特征，不可能对各个实施细节作出具体规定，因而需要有相应的从属法规来阐明规划法的有关条款的实施细则，特别是在规划编制和开发控制方面。

根据国家的立法体制，城市（乡）规划法由国家或地方的立法机构制定，从属法规则由规划法授权相应的政府规划主管部门制订，并报国家立法机关备案。在我国，《中华人民共和国城市规划法》作为主干法由全国人民代表大会常务委员会制定，《城市规划编制办法》作为从属法规由建设部制订。在地方层面（以上海为例），《上海市城市规划条例》作为地方法规由上海市人民代表大会常务委员会制定，《上海市详细规划编制暂行办法》和《上海市城市规划管理技术规定》等作为从属法规由上海市城市规划管理局制定。

以英国为例，《城乡规划法》由英国议会制定，主要的从属法规包括《用途分类规则》、《一般开发规则》和《特别开发规则》等则由中央环境大臣制定。《用途分类规则》界定土地和建筑物的用途类别以及每一用途类别中的具体内容；在同一类别中的用途变化不构成开发活动，因而不需要申请规划许可。《一般开发规则》界定不需要申请规划许可的小型开发活动，因为这些开发活动对于周围环境不会产生显著影响，只要符合该规则的基本规划要求，没有必要进行个案申请；这些小型开发活动是大量的，采用通则管理方式，提高了规划工作的效率。《特别开发规则》界定特别开发地区，如新城、国家公园和城市复兴地区由特定机构来管理（包括新城开发公司、国家公园管理局和城市开发公司），不受地方规划部门的规划控制。

（二）专项法

城市规划的专项法是针对规划中某些特定议题的立法。由于主干法要具有普遍的适用性和相对的稳定性，这些特定议题（也许会有空间上和时间上的特定性）就不宜由主干法来提供法定依据。以英国为例，1946年的《新城法》、1949年的《国家公园法》、1965年的《产业分布法》、1978年的《内城法》和1980年的《地方政府、规划和土地法》等都是针对特定议题的专项立法，为规划行政、规划编制或开发控制等方面的某些特殊措施提供法定依据。如新城、国家公园和内城开发区都由特定的机构（规划行政）来负责，规划编制和开发控制的法定程序也与常规不同。新城和内城开发区的规划机构都不是永久性的，最终将移交给地方政府管理。

（三）相关法

由于城市物质环境的管理包含多个方面和涉及多个行政部门，因而需要各种相应的立法，城市规划法规只是其中的一部分。尽管有些立法不是特别针对城市规划的，但是会对城市规划产生重要的影响。

在我国，《中华人民共和国土地管理法》、《中华人民共和国环境保护法》、《中华人民共和国城市房地产管理法》和《中华人民共和国文物保护法》等都是规划相关法。

在美国，联邦政府并不具有规划职能，但有关的环境立法对于城市开发产生了重要影响。《海滨地区管理法》鼓励州政府对于海滨地区（作为环境敏感地区）的开发活动实行除区划以外的特别许可制度。根据《国家环境政策法》，许多州政府要求大型发展项目进行环境影响评估。《清洁空气法》和《清洁水体法》规定的排放许可制度对于开发活动也有显著的影响。

城市规划法规体系具有系统性、层次性、应变性的特征：系统性体现在由主干法、相关法、从属法规、专项法组成的系统完整的体系，规范和控制城市规划建设管理全方位的活动行为；层次性体现在主干法的纲领性和原则性作用与从属法规的微观可操作性作用的有机结合；应变性体现在主干法保持一定的稳定性的条件下，颁布专项法来应对一定时期国家经济社会发展的特殊需要。

二、城市规划行政体系

城市规划行政体系的建设受国家基本政治架构的影响，从世界范围看，国家的政治架构可以分为两种基本形制，分别是中央集权和地方自治。大多数国家都在这两者之间寻求适合自己国情的城市规划行政体系。

中国的城市规划行政体系体现了中央集权和地方自治的结合。根据《城市规划法》，城市规划的编制和审批实行分级体制。各级城市的人民政府负责组织编制城市规划。县级人民政府所在地镇的城市规划由县级人民政府负责组织编制。直辖市的城市总体规划由直辖市人民政府报国务院审批。省和自治区人民政府所在地城市、城市人口在一百万以上的城市以及国务院指定的其他城市的总体规划，经省、自治区人民政府审查同意后，报国务院审批。除此而外的其他城市的总体规划和县级人民政府所在地镇的总体规划，报省、自治区和直辖市人民政府审批，其中市管辖的县级人民政府所在地镇的总体规划，报市人民政府审批。分区规划和详细规划一般由市人民政府城市规划行政主管部门审批。

在英国，政府的行政管理实行三级体系，分别是中央政府、郡政府和区政府，规划行政体系具有较多的中央集权特征。根据《城乡规划法》，中央政府的环境、运输和区域都是城市规划的主管部门，其基本职能包括制定有关的法规和政策，以确保《城乡规划法》的实施和指导地方政府的规划工作，审批郡政府的结构规划，受理规划上诉，并有权干预地方政府的发展规划（地区规划）和开发控制（一般是影响较大的开发项目）。

美国是一个联邦制国家，政府的行政管理实行三级体系，分别是联邦政府、州政府和地方政府。城市规划行政更多的表现为地方自治的特征。联邦政府并不具有法定的规划职能，只能借助财政手段（如联邦补助金）发挥间接的影响。地方政府的行政管理职能（包括城市规划）由州的立法授权。因此，各州的地方政府的城市规划职能（包括发展规划和开发控制）也就有所差别。比如，并不是所有州的立法都要求地方政府编制总体发展规划作为区划条例的依据。也就是说，编制总体发展规划并不是所有地方政府的法定职能。

德国也是一个联邦制国家。1949 年的《基本法》并没有土地利用规划的立法内容，各州都有各自的规划立法和相应的规划体系。直到 1960 年，才制定了《联邦建设法》，随后又制定了有关条例，以规范各州的发展规划和开发控制。联邦政府的规划主管部门是区域规划、建设与城市发展部，其职能是制定有关的法规和政策，确保《联邦建设法》的实施，协调各州的发展规划，并且负责制定跨区域基础设施（如铁路、机场和高速公路）的发展规划。除了执行联邦的规划法，州也有立法权，但必须与联邦法相符合。联邦和州的规划法规都是作为发展规划和开发控制的法定依据。

三、城市规划运作体系

（一）城市规划的编制层次

各国和地区的发展规划体系（又称为空间规划体系）虽然有所不同，特别是在国家和区域层面上的发展规划，但可以分成两个层面，分别是战略性发展规划和实施性发展规划（或称为开发控制规划）。由于实施性发展规划是开发控制的法定依据，又称作法定规划。

战略性发展规划是制定城市的中长期战略目标，以及土地利用、交通管理、环境保护和基础设施等方面的发展准则和空间策略，为城市各分区和各系统的实施性规划提供指导框架，但不足以成为开发控制的直接依据。英国的结构规划、美国的综合规划、德国的城市土地利用规划、日本的地域区划、新加坡的概念规划和香港的全港或次区域发展策略都是战略性发展规划。

以战略性发展规划为依据，针对城市中的各个分区，制定实施性发展规划，作为开发控制的法定依据。英国的地区规划、美国的区划条例、德国的分区建造规划、日本的土地利用分区、新加坡的开发指导规划和香港的分区计划大纲图都是作为开发控制的法定依据。

在我国，城市总体规划是战略性发展规划，控制性详细规划作为开发控制的直接依据，因而是实施性发展规划。在特大城市和大城市，分区规划也是实施性发展规划，但一般不足以成为开发控制的直接依据。

（二）开发控制

开发控制的管理方式可以分为通则式和判例式。我国的开发控制基本上属于判例方式，任何开发项目都必须申请规划许可。规划审批的主要依据是控制性详细规划，同时还考虑其他相关因素。在缺乏控制性详细规划的情况下，以规划部门的管理规定（如各地的城市规划管理技术规定）作为依据。

在美国、德国和日本，一般采用的是通则式开发管理。法定规划是作为开发控制的惟一依据，规划人员在审理开发申请个案时几乎不享有自由量裁权。只要开发活动符合这些规定，就肯定能够获得规划许可。这种通则式的开发控制具有透明和确定的优点，但在灵活性和适应性方面较为欠缺。在英国、新加坡和香港，法定规划只是作为开发控制的主要依据，规划部门有权在审理开发申请个案时，附加特定的规划条件，甚至在必要情况下修改法定规划的某些规定，因而使规划控制具有灵活性和针对性，但也难免会存在不透明和不确定的问题。

由于通则式和判例式的开发控制各有利弊，各国和地区都在两者之间寻求更为完善的开发控制体系。通则式和判例式相结合的开发控制体系往往包括两个控制层面。在第一层面上，针对整个城市地区，制定一般的规划要求，采取区划方式，进行通则式控制；在第二层面上，针对各类重点地区，制定特别的规划要求，采取审批方式，进行判例式控制。

第三节　城市规划与其他相关规划、相关部门的关系

一、城市规划与区域规划的关系

城市不是孤立存在的，城市的发展受制于外部区域条件的影响。我国目前已基本形成

国土空间规划体系（图 2-1）。城市规划工作要正确处理与其他相关空间规划的关系。

图 2-1　中国空间规划层次

区域规划和城市规划的关系十分密切，两者都是在明确长远发展方向和目标的基础上，对特定地域的各项建设进行综合部署，只是在地域范围的大小和规划内容的重点与深度方面有所不同。一般城市的地域范围比城市所在的区域范围相对要小，城市多是一定区域范围内的经济、政治和文化中心。每个中心都有其影响区域范围，每一个经济区或行政区也都有其相应的经济中心或政治和文化中心。区域资源的开发、区域经济与社会文化的发展、特别是工业布局和人口分布的变化，对区域内已有的城市的发展或新城镇的形成往往起决定性作用。反之，城市怎样发展也会影响整个区域社会经济的发展和建设。由此可见，要明确城市的发展目标、确定城市的性质和规模，不能只局限于城市本身条件就城市论城市，必须将其放在与它有关的整个区域的大背景中来进行考察，同时也只有从较大的区域范围才能更合理地规划工业和城镇布局。例如，有些大城市的中心城区要控制发展规模，需从市区迁出某些对环境污染较严重的企业，如果只在城市本身所辖的狭小的范围内进行规划调整，不可能使工业和城市的布局得到根本的改善。因此，就需要编制区域规划。区域规划可为城市规划提供有关城市发展方向和生产力布局的重要依据。

区域规划是城市规划的重要依据，城市与区域是"点"与"面"的关系。一个城市总是与和它对应的一定区域范围相联系；反之，一定的地区范围内必然有其相应的地域中心。从普遍的意义上说，区域的经济发展决定着城市的发展，城市的发展也会促进地区的发展。

区域规划与城市规划要相互配合，协同进行。区域规划要把规划的建设项目落实到具体地点，制订出产业布局规划方案，这对区域内各城镇的发展影响最大，而对新建项目的选址和扩建项目的用地安排，则有待城市规划进一步落实。城市规划中的交通、动力、供排水等基础设施骨干工程的布局应与区域规划的布局骨架相互衔接协调。区域规划分析和预测区内城镇人口增长趋势，规划城镇人口的分布，并根据区内各城镇的不同条件，大致确定各城镇的性质、规模、用地发展方向和城镇之间的合理分工与联系，通过城市规划可使其进一步具体化。在城市规划具体落实过程中，有可能需对区域规划作某些必要的调整和补充。

二、城市规划与国民经济和社会发展计划的关系

国民经济和社会发展中长期计划是城市规划的重要依据之一，而城市规划同时也是国民经济和社会发展的年度计划及中期计划的依据。国民经济和社会发展计划中与城市规划关系密切的是有关生产力布局、人口、城乡建设以及环境保护等部门的发展计划。城市规划依据国民经济和社会发展计划所确定的有关内容，合理确定城市发展的规模、速度和内容等。

城市规划是对国民经济和社会中长期发展计划的落实作空间上的战略部署。由于国民经济和社会发展计划的重点是放在该地区及城市发展的方略和全局部署上，对生产力布局和居民生活的安排只做出轮廓性的考虑。而城市规划则要将这些考虑落实到城市的土地资源配置和空间布局中。

但是，城市规划不是对国民经济和社会发展计划的简单的落实，因为国民经济和社会发展计划的期限一般为 5 年、10 年，而城市规划要根据城市发展的长期性和连续性特点，作更长远的考虑（20 年或更长远）。对国民经济和社会发展计划中尚无法涉及但却会影响到城市长期发展的有关内容，城市规划应做出更长远的预测。

三、城市总体规划与土地利用总体规划的关系

从总体上和本质上看，我国城市总体规划和土地利用总体规划的规划目标是一致的，都是为了合理使用土地资源，促进经济、社会与环境的协调和可持续发展。土地利用总体规划以保护土地资源特别是耕地为主要目标，在比较宏观的层面上对土地资源及其使用功能进行划分和控制。而城市总体规划侧重于城市规划区内土地和空间资源的利用。两者应该是相互协调和衔接的关系。

城市总体规划内容中的土地使用规划是城市总体规划的重要内容。这与土地利用总体规划的内容有所交叉。城市总体规划除了土地使用规划内容外，还包括城镇体系规划、城市经济社会发展战略以及空间布局结构等内容。这些内容又是为土地利用总体规划确定区域土地利用提供宏观依据。土地利用总体规划不仅应为城市的发展提供充足的发展空间，以促进城市与区域经济社会的发展，而且还应为合理选择城市建设用地以优化城市空间布局提供灵活性。城市规划区范围内的用地布局应主要根据城市空间结构的合理性进行安排。

城市总体规划应进一步树立合理和集约用地、保护耕地的观念，尤其是保护基本农田。城市规划中的建设用地标准、总量，应和土地利用规划充分协商一致。城市总体规划和土地利用总体规划都应在区域规划的指导下，相互协调和制约，共同发展区域社会和经济，合理利用和珍惜每一寸土地，切实保护耕地，保护生态环境，维持生态平衡，促进城乡协调发展。

四、城市规划与城市环境保护规划的关系

城市环境保护规划是对城市环境保护的未来行动进行规范化的系统筹划，是为有效地实现预期环境目标的一种综合性手段。城市环境保护规划包括：大气环境综合整治规划、水环境综合整治规划、固体废物综合整治规划以及生态环境保护规划。

城市环境保护规划属于城市规划中的专项规划范畴，是在宏观规划初步确定环境目标和策略指导下，具体制定的环境建设和综合整治措施。而城市生态规划则与传统的城市环境规划不同，不只考虑城市环境各组成要素及其关系，也不仅仅局限于将生态学原理应用于城市环境规划中，而是涉及到城市规划的方方面面，致力于将生态学思想和原理渗透于城市规划的各个方面，并使城市规划"生态化"。同时，城市生态规划在应用生态学的观点、原理、理论和方法的同时，不仅关注于城市的自然生态，而且也关注城市的社会生态。此外，城市生态规划不仅重视城市现今的生态关系和生态质量，还关注城市未来的生态关系和生态质量，关注城市生态系统的可持续发展。

五、城市规划行政部门与其他相关部门的关系

在地方人民政府设置的分管不同事务的多个行政主管部门中，城市规划行政主管部门与其他行政主管部门是平行的职能机构。各个机构依据法律授权或城市人民政府的指定，各有其主管的事务范畴，互不覆盖。各部门应当各司其职，互不越权。但是，城市规划与计划、土地、交通、房产、环保、环卫、防疫、文化、水利等许多方面的工作都有密切的

关系。各行政主管部门的工作需要相互衔接和配合。各行政主管部门的行政行为均是代表政府的行为，要体现行政统一的原则。这就要求：

各级主体所制定的行政法规的内容要相互协调、衔接，不能相互抵触和冲突，不同主体制定的行政法规要根据《中华人民共和国立法法》的规定，遵守立法的内在等级秩序。

各级各类行政主管部门的行政活动要严格按照法定程序来进行，及时沟通联系；并且一旦行政行为确立后，非经法定程序改变，无论是管辖该事务的主体，还是它的上级行政主体或下级行政主体，以及其他行政主体，都要受其内容的约束，不得做出与之相抵触或相互矛盾的另一行政行为。

但是必须注意到，城市规划最重要的特征之一在于它的综合性，涉及城市经济社会发展的方方面面。因此，在制定和实施城市规划的过程中，城市规划行政主管部门应主动与相关部门协调，相关部门也应该维护城市规划的严肃性，城市规划行政主管部门的法定职能不应被肢解或削弱。城市人民政府必须维护和树立城市规划行政主管部门在空间资源配置和基础设施建设管理上的权威作用。

第三章　城市规划的工作内容

城市规划是为了实现一定时期内城市的经济和社会发展目标，确定城市发展战略、城市性质、规模和发展方向，合理利用城市土地，协调城市空间布局和进行各项建设的综合部署和全面安排。

第一节　城市发展战略

一、城市发展战略和城市建设发展战略

城市发展战略是对城市经济、社会、环境的发展所作的全局性、长远性和纲领性的谋划。例如某城市的发展战略是：建设国际经济、金融、贸易、航运中心，初步建成社会主义现代化国际大都市，推进体制创新和科技创新，在加快发展中继续推进经济结构的战略性调整，在其发展基础上不断提高城乡人民生活水平，全面实施科教兴市战略和可持续发展战略，坚持依法治市，推进经济发展和社会全面进步。

城市发展战略包括的内容既宏观又全面，而城市建设发展战略是为实现城市发展战略，着重在城市建设领域提出相应的城市建设的目标、对策，并在物质空间上相应做出的全局性、长期性的谋划和安排。

城市是一个开放的复杂巨系统，它在一定的系统环境中生存与发展。《雅典宪章》指出"城市与乡村彼此融洽为一体而各成为构成所谓区域单位的要素"；"城市是构成一个地理的、经济的、社会的、文化的和政治的区域单位的一部分，城市即依赖这些单位而发展"。因此，我们不能将城市离开它们所在的区域环境单独地研究。

经济、社会的发展是城市发展的基础，城市发展是由社会、经济、文化、科技等的内在因素和外部条件综合的结果。因此，城市发展战略的制定就必须在研究城市的区域发展背景、研究城市的经济、社会、文化、科技的发展的基础上，确立城市发展的目标，确定城市在一定时期内发展的城市的性质、职能，预测城市发展的可能规模（人口规模和用地规模），研究制定城市的空间布局、结构形态和发展方向。

在对城市建设发展战略进行研究时，应以区域规划、城镇体系规划、国土规划、土地利用总体规划以及城市的经济社会发展计划等为背景，尤其对城市发展战略有关的内容要深入研究，以便正确确定城市建设发展战略。

二、城市建设发展战略的主要内容

城市总体规划实质就是城市建设发展战略在地域和空间的落实，特别是在城市总体规划的纲要中，集中表达了城市建设发展战略的内容。

城市总体规划纲要主要内容有：

（1）论证城市国民经济发展条件，原则确定城市发展目标；

（2）论证城市在区域中的地位，原则确定市（县）域城镇体系的结构与布局；

（3）原则确定城市性质，规模、总体布局，选择城市发展用地，提出城市规划区范围的初步意见；

（4）研究确定城市能源、交通、供水等城市基础设施开发建设的重大原则问题；

（5）实施城市规划的重要措施。

第二节 城市性质与规模

一、城市性质

城市性质是指城市在一定地区、国家以至更大范围内的政治、经济与社会发展中所处的地位和担负的主要职能。

正确的确定城市性质，对城市规划和建设非常重要，是城市发展方向和布局的重要依据。在市场经济条件下，城市发展的不确定因素增多，城市性质的确定除了应充分分析对城市发展的条件、有利因素分析、确定城市承担的主要职能外，还应充分认识城市发展的不利因素，说明不宜发展的产业和职能。如水源条件差的城市对发展耗水大的产业将构成制约因素。同时，还应注意在市场经济背景下，由于人的主观能动性，在市场竞争中有可能变不利因素为有利因素。因此城市性质的确定应留有余地，但在建设时序的安排和结构的组织上要注意弹性，避免城市或拉大架子，或用地过小，影响城市近期有效运行或造成城市布局长期不合理。

城市的性质应该体现城市的个性，反映其所在区域的经济、政治、社会、地理、自然等因素的特点。城市是随着科学技术的进步和社会、政治、经济的改革而不断发展变化的。因此，城市性质有可能随城市的发展条件变化而变化。对于城市性质的认识，是建立在一定的时间范围内的。但城市性质毕竟要取决于它的历史、自然、区域这些较稳定的因素。因此，城市性质在相当一段时期内有其稳定性。城市是一个综合实体，其职能往往是多方面的，城市性质只能是主要职能的表述。

不同的城市性质决定着城市规划不同的特点，对城市规模的大小、城市用地布局结构以及各种市政公用设施的水平起重要的指导作用。确定城市的性质是确定城市产业发展重点，以及一系列技术经济措施及其相适应的技术经济指标的前提和基础。例如，交通枢纽城市和风景旅游城市在城市用地构成上有明显差异。明确城市的性质，便于在城市规划中把规划的一般原则与城市的特点结合起来，使城市规划更加切合实际。

（一）确定城市性质的依据

城市性质的确定，可从两个方面分析。一是从城市在国民经济的职能方面去分析，就是指一个城市在国家或地区的经济、政治、社会、文化生活中的地位和作用。城市的国民经济和社会发展计划是分析城市职能的重要依据。二是从城市形成与发展的基本因素中去研究，认识城市形成与发展的主导因素，这是确定城市性质的重要方面。例如，三亚市既是热带海滨旅游城市，又具有疗养、海洋科学研究中心等多种职能，其中主要职能是前者，所以三亚市的城市性质，是国家旅游城市。但对于多数城市，尤其是发展到一定规模的城市，常常兼有经济、政治、文化中心职能，区别只是在于不同范围内的中心职能。

（二）分析确定城市性质的方法

确定城市性质，就是综合分析影响城市发展的主导因素及其特点，明确它的主要职能，指出它的发展方向。在确定城市性质时，必须避免两种倾向，一是以城市的"共性"作为城市的性质；二是不区分城市基本因素的主次，一一罗列，结果失去指导规划与建设的意义。城市性质确定的一般方法是"定性分析"与"定量分析"相结合，以定性分析为主。城市性质的定性分析就是在综合分析的基础上，说明城市在经济、政治、社会、文化生活中的作用和地位。定量分析是在定性基础上，从数量上去分析自然资源、劳力资源、能源交通及主导经济产业现有和潜在的优势。确定城市性质时，不能仅仅考虑城市本身发展条件和需要，必须从全局出发。

（三）城市性质的表述

城市性质一般从行政职能、经济职能和文化职能三方面来表述。许多城镇都是一定范围内的中心城市，职能的表述显得千篇一律，其实这不必忌讳，而是要明确它的中心影响范围和等级。当然中心有的是行政、经济、文化、交通等的综合中心，也可简单概括为中心城市，有的则主要为某几项中心，必须明确表述。

在城市性质的分类上，一般有工业城市、商贸城市、交通枢纽城市、港口城市、科教城市、综合中心城市以及特殊职能的城市，如历史文化名城、革命纪念性城市、风景旅游城市、休疗养城市、边贸城市等。

下面试举几例以说明：

北京市城市性质：中华人民共和国首都，全国的政治中心、文化中心，世界著名的古都和国际大都市。

佛山市城市性质：全国重要的现代化制造业基地，区域性专业物流中心之一，国家历史文化名城。

武汉市城市性质：湖北省省会，我国中部重要的中心城市，全国重要的工业基地和交通、通信枢纽。

厦门市城市性质：我国经济特区，东南沿海重要的中心城市，港口及风景旅游城市。

宁波市城市性质：现代化国际港口城市，国家历史文化名城，长江三角洲南翼经济中心。

二、城市规模

城市的规模，包括城市人口规模和城市用地规模。两者是密切相关的，根据人口规模以及人均用地的指标就能推算城市的用地规模。因此，在城市发展用地无明显约束条件下，一般是先从预测人口规模着手研究，再根据城市的性质与用地条件加以综合协调，然后确立合理的人均用地指标，由此确定城市的用地规模。

从城市规划的角度来看，城市人口是指那些与城市的活动有密切关系的人。他们常年居住生活在城市的范围内，构成了城市的社会主体，是城市经济发展的动力、建设的参与者，又是城市服务的对象。他们依赖城市生存，又是城市的主人。

各国依据本国生产力发展水平及当时的社会、政治条件，把通过行政区划确认的城镇地区的常年居住人口称为城镇人口。设置城市的标准，一般根据人口规模、人口密度、非农业人口比重和政治、经济因素等。

城市人口调查分析和预测，是一项既重要又复杂的工作。它既是城市总体规划的目标，又是制定一系列具体技术指标与布局的依据。做好这项工作，对正确编制城市总体规划有很大的影响。

因为城市用地的多少、公共生活设施和文化设施的内容和数量、交通运输量和交通工具的选择、道路等级与指标、市政公用设施的组成与规模、住宅建设的规模与速度、建筑类型的选定以及城市的布局等等，无不与城市人口的数量及构成有着密切关系。

（一）城市人口的构成和素质

城市人口的状态是在不断变化的。可以通过对一定时期城市人口的各种现象，如年龄、寿命、性别、家庭、婚姻、劳动、职业、文化程度和健康状况等方面的构成情况加以分析，研究发现人口构成的特征。

1. 人口年龄构成

指一定时期城市人口按年龄的自然顺序排列的状况，以及按年龄的基本特征划分的各年龄组的人口占总人口的比例。一般将年龄分成六组：托儿组（0~3岁）、幼儿组（4~6岁）、小学组（7~12岁）、中学组（13~18岁）、成年组（男：19~60岁，女：19~55岁）和老年组（男：61岁以上，女：56岁以上）。为了便于研究，常根据年龄统计做出百岁图（俗称人口宝塔图）和年龄的构成图（图3-1）。

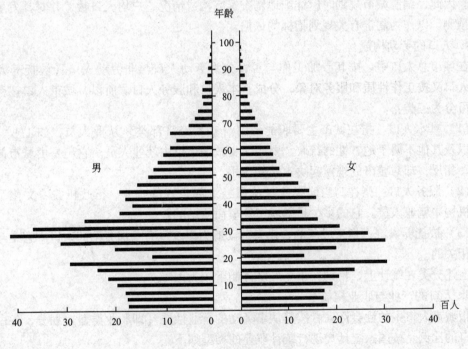

图3-1 人口年龄百岁图

掌握人口年龄构成的意义在于：

（1）比较成年组人口数与就业人数可以看出就业情况和劳动力潜力。

（2）掌握劳动后备力量的情况，对研究经济发展有重要作用。

（3）掌握学龄前儿童和学龄儿童的数量和发展趋向，是制定托、幼、中小学等公共设施规划指标的重要依据。

（4）掌握老年组的人口数及比重，分析城市老龄化水平及发展趋势，是确定城市社会福利服务设施指标的主要依据。

（5）分析年龄结构，可以判断城市人口自然增长变化趋势；分析育龄妇女人口数量，是预测人口自然增长的主要依据。

2. 人口性别构成

性别构成反映男女人口之间的数量和比例关系。它直接影响城市人口的结婚率、育龄妇女生育率和就业结构。在城市规划工作中，必须考虑男女性别比例的基本平衡。一般在地方中心城市，如小城镇和县城，男性多于女性，因为男职工家属一部分在附近农村。在矿区城市和重工业城市，男职工比重高，而在纺织和一些其他轻工业城市，女职工比重则较高。因此，分析职工性别构成，在确立产业结构和城市空间布局时，应注意男女职工平衡。

3. 人口的家庭构成

家庭构成反映城市人口的家庭人口数量、性别、辈分等组合情况。它对于城市住宅类型的选择，城市生活和文化设施的配置，城市生活居住区的组织等都有密切关系。家庭构成的变化对城市社会生活方式、行为和心理诸方面都带来直接影响，从而对城市物质要素的需求产生影响。我国城市家庭组成由传统的复合大家庭向简单的小家庭发展的趋向日益明显。因此，编制城市规划时应详细地调查家庭构成情况、户均人口数，并对其发展变化进行预测，以作为制定有关规划指标的依据。

4. 人口的劳动构成

在城市总人口中，按其参加工作与否，分为劳动人口与非劳动人口（被抚养人口）；劳动人口又按工作性质和服务对象，分成基本人口和服务人口。所以，城市人口按劳动性质又可分为三类：

（1）基本人口：指在城市主要职能部门（基本经济部类）从业人员，如工业、交通运输以及其他不属于地方性的行政、财经、文教等单位中就业人员。它不是由城市的规模决定，相反，却对城市的规模起决定性的作用。

（2）服务人口：指在为当地服务（从属经济部类）的企业、行政机关、文化及商业服务机构中就业人员。它的多少是随城市规模而变动的。

（3）被抚养人口：指未成年的、没有劳动能力以及没有参加劳动的人口。它是与就业人口相关的。

上述分类在统计上，特别在市场经济体制下较为困难。

5. 人口的产业与职业构成

指城市人口中的社会劳动者按其从事劳动的行业性质（即职业类型）划分，各占总就业人口的比例。按国家统计局现行统计职业的类型如下：

（1）农、林、牧、渔、水利业；

（2）工业；

（3）地质普查和勘探业；

（4）建筑业；

（5）交通运输、邮电通讯业；

（6）商业、公共饮食业、物资供销和仓储业；

（7）房地产管理、公用事业、居民服务和咨询服务业；

（8）卫生、体育和社会福利事业；

（9）教育、文化艺术和广播电视事业；

（10）科学研究和综合技术服务事业；

（11）金融、保险业；

（12）国家机关、政党机关和社会团体；

（13）其他。

按产业类型划分，以上第（1）类为第一产业，第（2）～（4）类属第二产业，第（5）～（13）类属第三产业。

按三大产业类型划分，能较科学地反映城市经济社会发展水平，一般经济社会水平越高，第三产业比重越大。通常中心城市第三产业比重较高。

产业结构与职业构成的分析可以反映城市的性质、经济结构、现代化水平、城市设施社会化程度和社会结构的合理协调程度，是制定城市发展政策与调整规划定额指标的重要依据。在城市规划中，应提出合理的职业构成与产业结构建议，协调城市各项事业的发展，达到生产与生活配套建设，提高城市的综合效益。

6. 人口的文化构成

随着知识经济兴起、现代科学技术的普及、城市人口的文化素质、劳动力的质量，越来越影响城市经济社会的发展。人口的文化构成将成为影响城市发展的重要因素。

大学学历人口的比重已成为衡量人口素质的重要指标，美国占 32.2%，日本 14.3%，英国 11.0%，韩国 11.7%，中国仅 1.4%。以城市人口统计，北京最高不过 9.3%，上海 6.5%（资料引自《1989 年中国人口统计年鉴》）。

（二）城市的流动人口

城市流动人口是指短期从市外进入城市办理公务、商务、劳务、探亲访友和旅游度假的人口。随着改革开放政策的实行、用工制度的搞活，以及市场经济体制的建立，经商活动日趋活跃，在城市内出现了许多外地厂商及科研等部门的常设办事机构以及非市籍的就业人群。因此，就出现了大量的非本市户籍，但实际已经长期居住在城市里的人口。俗称"常住流动人口"。这些人口数量在某些发达的城市高达户籍人口的 30% 左右，有的甚至与城市户籍人口持平。显然这些"流动人口"已构成了城市生活的重要组成部分。他们给城市的经济发展带来活力，也给城市的住房、交通、社会服务业、文化教育设施、市政基础设施等增加了压力。目前建设部已规定在城市规划中，将住满半年以上的流动人口称为暂住人口，计入城市人口规模，并相应计算用地规模。

（三）城市人口的变化

1. 人口的自然增长

自然增长是指出生人数与死亡人数的净差值。通常以一年内城市人口自然增长的绝对数量与同期该城市年平均总人口数之比，称自然增长率。

自然增长率 =［（本年出生人口数 − 本年死亡人口数）/年平均人数］×1000（‰）

2. 人口的机械增长

机械增长是指城市迁入人口和迁出人口的净差值，通常以一年内城市人口机械增长的绝对数量与同期该城市年平均人口数之比，称机械增长率。

机械增长率 =［（本年迁入人口 − 本年迁出人口数）/年平均人数］×1000（‰）

3. 人口的平均增长率

城市人口增长指在一定时期内，由出生、死亡和迁入、迁出等因素的消长，导致城市人口数量增加或减少的变动现象：

人口平均增长率 = （期末人口数／期初人口数）$^{-年限}$ -1 = 人口平均发展速度 -1

根据城市历年统计资料，可计算历年人口年增长数和年增长率，以及自然增长和机械增长的增长数和增长率，并绘制人口历年变动曲线。这对于推算城市人口发展规模有一定的参考价值。

（四）城市人口规模的预测

预测城市人口发展规模，是一项政策性和科学性很强的工作。既要了解人口现状和历年来人口变化情况，又要研究城市社会、经济发展的战略目标、城市发展的有利条件及制约因素，从中找出人口变化的规律和发展趋势。

就一个城市而言，人口增长速度和发展规模是受自然增长和机械增长趋势所支配的。城市人口的自然增长应当是有计划的，而机械增长是受社会经济发展的规律和国家政治经济形势所决定的。

第三节　城市用地布局

城市用地布局是城市规划最核心的内容，是指城市土地使用结构的空间组织及其形态。城市有众多不同功能的用地，在用地空间布局上必须根据其不同需要，进行适当的功能分区。这些不同的功能分区之间彼此关联，以道路系统加以连接，构成城市的整体。

一、城市用地构成与分类

按照中华人民共和国国家标准《城市用地分类与规划建设用地标准》（GBJ—137—90），将城市用地划分为 10 大类、46 中类和 73 小类。10 大类城市用地及其代号分别为：居住用地（R）、公共设施用地（C）、工业用地（M）、仓储用地（W）、对外交通用地（T）、道路广场用地（S）、市政公用设施用地（U）、绿地（G）、特殊用地（D）、水域和其他用地（E）。

（一）居住用地

指居住小区、居住街坊、居住组团和单位生活区等各种类型的成片或零星的用地。根据这些用地范围内市政公用设施配备的情况、居住设施布局完整性情况、环境良好性情况等，将居住用地分成四个中类。一类居住用地（R_1）是指市政公用设施齐全、布局完整、环境良好、以低层住宅为主的用地；二类居住用地（R_2）是指市政公用设施齐全、布局完整、环境较好、以多、中、高层住宅为主的用地；三类居住用地（R_3）是指市政公用设施比较齐全、布局不完整、环境一般，或住宅与工业等用地有混合的用地；四类居住用地（R_4）是指以简陋住宅为主的用地。各类居住用地内再进一步细分为四个小类：住宅用地、公共服务设施用地、道路用地和绿地。

（二）公共设施用地

指居住区级及居住区级以上的行政、经济、文化、教育、卫生、体育以及科研设计等机构和设施的用地，不包括居住用地中的公共服务设施用地。公共设施用地又分成以下 8 个中类：

（1）行政办公用地（C_1）指行政、党派和团体机构用地；小类分为市属办公用地与非市属办公用地。

（2）商业金融业用地（C₂）指商业、金融业、服务业、旅馆业和市场等用地；小类细分为商业用地、金融保险业用地、贸易咨询用地、服务业用地、旅馆业用地和市场用地。

（3）文化娱乐用地（C₃），小类细分为新闻出版用地、文化艺术团体用地、广播电视用地、图书展览用地、影剧院用地、游乐用地。

（4）体育用地（C₄）分为体育场馆用地和体育训练用地，不包括学校等单位内的体育用地。

（5）医疗卫生用地（C₅）指医疗、保健、卫生、防疫、康复和急救等设施用地；小类分为医院用地、卫生防疫用地、休疗养用地。

（6）教育科研设计用地（C₆），小类细分为高等学校用地、中等专业学校用地、成人与业余学校用地、特殊学校用地、科研设计用地。中学、小学和幼托用地不应归入到此用地，而应归入到居住用地（R）中。

（7）文物古迹用地（C₇）是指具有保护价值的古遗址、古墓葬、古建筑、革命遗址等用地。不包括已作其他用途的文物古迹用地。

（8）其他公共设施用地（C₉）指除以上之外的公共设施用地，如宗教活动场所、社会福利院等用地。

（三）工业用地

指工矿企业的生产车间、库房及其附属设施等用地，包括专用铁路、码头和道路等用地。工业用地按照对居住和公共设施等环境的影响程度，又分成三个中类为：一类工业用地、二类工业用地和三类工业用地。

（四）仓储用地

指仓储企业的库房、堆场和包装加工车间及其附属设施用地。仓储用地又分为以库房建筑为主的储存一般货物的普通仓库用地、存放易燃、易爆和剧毒等危险品的危险品仓库用地和露天堆放货物为主的堆场用地。

（五）对外交通用地

指铁路、公路、管道运输、港口和机场等城市对外交通运输及其附属设施等用地。

（六）道路广场用地

是指市级、区级和居住区级的道路、广场和停车场等用地。道路广场用地分为道路用地（细分为主干路用地、次干路用地、支路用地和其他道路用地）、广场用地（细分为交通广场用地和游憩集会广场用地）和社会停车场库用地（细分为机动车停车场库用地和非机动车停车场库用地）。

（七）市政公用设施用地

指市级、区级和居住区级的市政公用设施用地，包括其建筑物、构筑物及管理维修设施等用地。市政公用设施用地分为供水、供电、供燃气和供热等设施的供应设施用地（小类分为供水用地、供电用地、供燃气用地和供热用地），公共交通和货运交通等设施的交通设施用地（小类分为公共交通用地、货运交通用地和其他交通设施用地），邮政、电信和电话等设施的邮电设施用地，环境卫生设施用地（小类分为雨水、污水处理设施用地和粪便垃圾处理设施用地），房屋建筑、设备安装、市政工程、绿化和地下构筑物等施工及养护维修设施的施工与维修设施用地，殡葬设施用地以及其他市政公用设施用地。

（八）绿地

指市级、区级和居住区级的公共绿地及生产防护绿地。绿地分为用于向公众开放、有一定游憩设施的公共绿地（小类分为公园和街头绿地）和生产防护绿地（小类分为园林生产绿地和防护绿地）。

（九）特殊用地

指用于军事、外事和保安等特殊性质的用地，包括军事用地、外事用地和保安用地。

（十）水域和其他用地

指除以上各大类用地之外的用地，包括水域、耕地（细分为菜地、灌溉水田、其他耕地）、园地、林地、牧草地、村镇建设用地（细分为村镇居住用地、村镇企业用地、村镇公路用地和村镇其他用地）、弃置地和露天矿用地。

图例
田 一类建设用地
田 二类建设用地
田 三类建设用地

图 3-2　某城市建设用地适用性评价图

二、城市用地评定与城市用地现状分析

城市用地布局规划之前，应对城市用地进行评定，并做好城市用地的现状分析。

城市用地评定是对城市发展可能使用的土地，从水文地质（河湖、地下水位、洪水淹没、冰冻状况等）、工程地质（地质构造、地质活动，地基承载力等）、地形地貌（坡度，坡向等）、矿藏和文物埋藏等方面进行分析，评定出适宜建设的用地（一类建设用地）、必须采取工程措施加以改善后才可建设的用地（二类建设用地）和不宜建设的用地（三类建设用地）（图 3-2）。

除根据自然条件对用地进行分析外，还必须对农业生产用地进行分析，尽可能利用坡地、荒地、劣地进行建设，少占农田，不占良田。

三、城市用地布局结构与形态

城市用地布局结构就是城市各种用地在空间上相互关联、相互影响与相互制约的关系。城市形态则是城市整体和内部各组成部分在空间地域的分布状态。

城市布局规划首先要满足各类城市用地的功能要求，相互之间形成合理的功能关系。比如，居住用地应选在环境质量好的地段；公共设施用地应布置在城市各级中心和靠近居住用地的位置；工业用地应选在交通运输方便，又对城市生活不会造成过多影响的地方；仓储用地应布置在靠近对外交通枢纽和服务区附近。根据工作和居住就近的原则，居住用地应靠近工业区布置，但又要防止工业生产对居住环境的污染和交通干扰；对外客运交通枢纽设施既要方便城市居民的使用，又要避免对城市内的交通的过多干扰。城市用地布局一定要充分利用自然条件，依山就势，灵活布置，做到功能合理明确，空间结构清晰。

中小城市一般采用集中紧凑发展的空间布局结构，有利提高城市效率，减少道路、市政设施的投入。同时应根据城市的发展，城市功能的需要，协调好新旧区之间的功能联系，不一定要维持单中心的布局形式。大城市和特大城市就应避免单一中心、同心圆式向外蔓延的发展模式，采用多中心放射式或分散组团式等的布局结构，以利简化城市功能分区，分散城市交通，优化城市环境质量。

城市空间布局形态可以根据不同城市的地理条件、用地条件、对外联系和城镇分布等因素，采用集中紧凑式、组团式、带状、指状和星座状等形态（图3-3）。

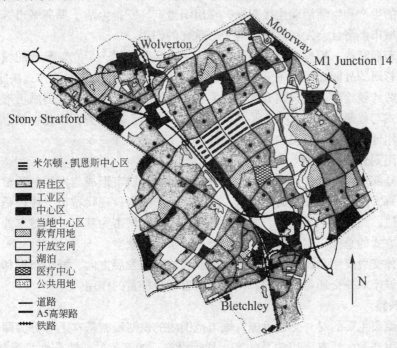

图3-3　米尔顿·凯恩斯规划

第四节　城市道路交通

城市用地布局决定了城市道路交通的组织方式，而科学合理地组织城市道路和交通，则又将影响到城市用地布局的优化。

一、城市道路交通的基本概念

（一）城市综合交通

所谓城市综合交通涵盖了存在于城市中及至城市外围与城市活动有关的各种交通形式。从地域关系上，城市综合交通可分为城市对外交通和城市交通两大部分。

城市对外交通泛指本城市与其他城市和地区之间的交通。其主要交通形式有：公路交通、铁路交通、航空交通和水运交通。

城市交通是指城市行政区内部的交通，包括公路交通（中心城区与周边城镇、乡村的交通联系）、城市道路交通、城市轨道交通和城市水上交通等，其中以城市道路交通为主体。

城市对外交通与城市交通具有相互联系和相互转换的关系。

（二）城市交通系统

通常把以城市道路交通为主体的城市交通作为一个系统来研究。城市交通系统是城市大系统中的一个重要子系统，体现了城市生产、生活的动态功能关系。

城市交通系统是由城市运输系统（交通行为的运作）、城市道路系统（交通行为的通道）和城市交通管理系统（交通行为的控制）组成。城市道路系统是为城市运输系统完成交通行为而服务的，城市交通管理系统则是整个交通系统正常、高效运转的保证。

城市交通系统是城市的社会、经济和物质结构的基本组成部分。城市交通系统把分散在城市各处的生产和生活活动连接起来，在组织生产、安排生活、提高城市客货流的有效运转及促进城市经济社会发展方面起着十分重要的作用。

城市的布局结构、规模大小甚至城市的生活方式都需要一个完整高效的城市交通系统的支撑。洛杉矶的分散布局离不开它密集的高速公路网；伦敦的生活方式决定于它19世纪的铁路；纽约曼哈顿的繁华则有赖于它发达的地铁和公交系统。我国城市形态呈同心圆式的发展模式与普遍采用的自行车和公共汽车作为客运工具有关。因此，城市交通系统规划是与城市用地布局密切相关的一项重要的规划工作。

二、城市对外交通规划

城市与外部地区有着密切的联系，对外交通运输是城市形成与发展的重要条件。历史上形成的城镇大多位于水陆交通的枢纽，如汉口、广州等；现代城市也往往是现代交通运输的重要枢纽，如武汉、郑州等。城市对外交通是指以城市为基点，与城市外部进行联系的各类交通方式的总称，主要包括铁路、公路、水运和航空。

城市对外交通线路和设施的布局直接影响到城市的发展方向、城市布局和城市环境景观。因此，城市对外交通对城市的总体布局有着举足轻重的作用。

（一）铁路

铁路是城市主要的对外交通设施。城市范围内的铁路设施基本上可分为两类：一类是直接与城市生产和生活有密切关系的客、货运设施，如客运站、综合性货运站及货场等。另一类是与城市生活没有直接关系的设施，如编组站、客车整备场、迂回线等。

在城市铁路布局中，站场位置起着主导作用，线路的走向是根据站场与站场、站场与服务地区的联系需要而确定的。铁路站场的位置与数量和城市的性质、规模，铁路运输的性质、流量、方向，自然地形的特点，以及城市总体布局等因素有关。

编组站是为货运列车服务的专业性车站，承担车辆解体、汇集、甩挂和改编的业务。编组站用地范围一般比较大，其布置要避免与城市的相互干扰，同时也要考虑职工的生活。对一个大型铁路枢纽城市来说，可能不止一个编组站，要分类型合理布置。

客运站的位置要方便旅客，提高铁路运输效能，并应与城市的布局有机结合。客运站的服务对象是旅客，为了方便旅客，位置要适中，靠近市中心。在中、小城市可以位于市区边缘，大城市则必须深入城市中心区边缘。客运站的布置有通过式、尽端式和混合式三种。铁路客站的布置要考虑到旅客的中转换乘的方便，搞好铁路与市区公交、长途汽车和商业开发的协调，做到功能互补和利益共享，实现地区的发展目标。

客运站是对外交通与市内交通的衔接点。客运站必须与城市的主要干道连接，直捷地通达市中心以及其他对外联运交通设施（车站、码头等）。要避免交通性干道与站前广场的互相干扰。为了方便旅客避免干扰，可将地下铁道直接引进客运站，或将客运站伸入市中心地下。

中小城市在城市布局时要考虑到主要铁路干线的旅客列车便捷地到、发与通过，避免迂回与折角运行。通过式的布局形式可以提高客运站的通过能力，也可避免干线铁路对城市的分割。

由于大城市公共交通的配套发展，客运站地区可达性较好，功能也比较综合配套。有些城市把客运站与城市公共建筑组合布置，形成综合性的交通、服务中心。

中小城市的货运站一般设置一个综合性货运站或货场。其位置既要满足货物运输的经济合理要求，也要尽量减少对城市的干扰。

大城市货运站应按性质分别设于其服务的地段。以到、发为主的综合性货运站（特别是另担货物）一般应伸入市区，接近货源或消费地区；以某几种大宗货物为主的专业性货运站，应接近其供应的工业区、仓库区等大宗货物集散点，一般应在市区外围；不为本市服务的中转货物装卸站则应设在郊区，接近编组站或水陆联运码头；危险品（易爆、易燃、有毒）及有碍卫生（如牧畜货场）的货运站应设在市郊，并有一定的安全隔离地带，还应与其主要使用单位、储存仓库布置在城市同一侧，以免穿越市区。

货运站应与城市道路系统紧密配合，与城市货运干道联系。货运站的引入线应与城市干道平行，并尽量采用尽端式布置，以避免与城市交通的互相干扰。同时要结合地形、地貌等有利于联运。

货运站应与市内运输系统紧密配合，在其附近应有相应的市内交通运输站场、设备与停车场，这些设施之间最好有专用道路相连。

（二）公路

公路是城市道路的延续，是布置在城市郊区，联系其他城市和市域内乡镇的道路。在进行城市规划时，应结合城市的总体布局和区域规划合理地选定公路线路的走向及其站场的位置。

1. 公路的分类、分级

（1）公路分类：根据公路的性质和作用及其在国家公路网中的位置，可分为国道（国家级干线公路）、省道（省级干线公路）和县道（联系各乡镇）三级。设市城市可设置市道，作为市区联系市属各县城的公路。

（2）公路分级：按公路的使用性质、功能和适应的交通量，可分为高速公路和一级、二级、三级、四级公路。除高速公路为汽车专用公路外，一、二级公路为联系高速公路和中等以上城市的干线公路，三级公路为沟通县和城镇的集散公路，四级公路为沟通乡、村的地方公路。

2. 公路线路在市域内的布置

公路线路在市域范围内的布置主要决定于国家和省公路网的规划。同时要注意以下问题：

（1）要有利于城市与市域内各乡、镇间的联系，促进城市规划对城镇体系发展的要求。

（2）干线公路要与城市道路网有合理的联系，过境公路应绕过（切线或环线绕过）城市。作为公路枢纽的大城市，应在城市道路网的外围布置连接各条干线公路的公路环线，以与城市道路网相连。

（3）要逐步改变公路直穿小城镇的状况，并注意防止新的沿公路建设的现象发生。

3. 公路汽车站场的布置

公路汽车站又称长途汽车站。按其性质可分为客运站、货运站、技术站和混合站。按车站所处的地位又可分为起、终点站、中间站和区段站。

长途汽车站场的位置选择对城市布局有很大的影响。在城市总体规划中考虑功能分区和干道系统布置的同时，就要合理布置长途汽车站场的位置，使它既要使用方便，又不影响城市的生产和生活，并要与铁路车站、轮船码头有较好的联系，便于组织联运。

（1）客运站

大城市和作为地区公路枢纽的城市，公路客货流量和交通量都很大。为方便旅客，常将客运站设在城市中心区边缘，用城市交通性干道与公路相连。大城市常为多个方向的长途客运设置相应的长途汽车站，一般货运站和技术站分开设置。

中小城市因规模不大，车辆数不多，为便于管理和精简人员，一般均设一个客运站，或客运站与货运站合并，也可将技术站组织在一起。

有的城市，在铁路客运量和长途汽车客运量都不大时，将长途汽车站与铁路车站结合布置，既方便了旅客，又可形成城市对外客运交通枢纽，不失为一种好的布置方式。

（2）货运站、技术站

货运站场的位置选择与货主的位置和货物的性质有关。供应城市日常生活用品的货运站应布置在城市中心区边缘。以工业产品、原料和中转货物为主的货运站不宜布置在城市中心区内，而应布置在工业区、仓库区或货物较为集中的地区，亦可设在铁路货运站、货运码头附近，以便组织水陆联运，并注意与城市交通干道的联系。

技术站主要对汽车进行清洗、检修（保养）等工作。它的用地要求较大，且对居民有一定的干扰。一般将它单独设在市区外围靠近公路线附近，与客、货站有方便的联系，注意避免对居住区的干扰影响。

（3）公路过境车辆服务站

为了减少进入市区的过境交通量，可在对外公路交汇的地点或城市入口处设置公路过境车辆服务设施，如车站、维修保养站、加油站、停车场（库）以及旅馆、餐厅、邮局、商店等。这些设施可与城市边缘的小城镇结合设置，相互依托。这样，既方便暂时停留的过境车辆的检修、停放，为司机与旅客创造休息、换乘的条件，又可避免不必要的车辆和人流进入市区，同时也有利于小城镇的发展。

4. 高速公路

高速公路在解决我国公路混合交通、提高汽车通行能力、改善投资环境、促进经济发展的作用十分明显。我国近年来高速公路发展很快，交通部最新规划考虑将用30年的时间建成8.5万km的国家高速公路网，形成由中心城市向外放射以及横联东西、纵贯南北的高速公路网络。该网络由7条首都放射线，9条南北纵向线和18条东西横向线组成，简称"7918网"。该网络将我国城镇人口过20万的所有城市连接起来，覆盖全国10多亿人口。

高速公路的设计时速达80~120km。对于大城市，高速公路的布置要与城市快速道路网结合考虑，并与之相衔接，亦可成为公路环线的组成部分。对于中小城市，高速公路应远离城市中心，要考虑城市未来的发展，采用互通式立体交叉连接专用的入城道路与城市联系。高速公路出入口的作用相当于铁路和长途汽车站，在城市规划中必需予以特别的重视。

（三）港口

港口是水陆联运的枢纽，是所在城市的交通系统的重要组成部分。城市港口分为客运港和货运港，小规模港口可合并设置。客运港是城市对外客运交通设施，货运港是对外货运交通设施，由船舶航行、货物装卸、库场储存及后方集疏等四个环节组成。港口分为水域和陆域两大部分。水域是供船舶航行、转运、锚泊和其他水上作业的。陆域是供旅客上下、货物装卸、存储的作业活动，要求有一定的岸线长度、纵深和高程。通常一个综合性港口均有几个作业区，如件杂货、煤、粮、集装箱和客运码头等。

在港口城市规划中，要妥善处理港口布置与城市布局之间的关系。

1. 港口建设应与区域交通综合考虑

港口作为交通的转运点，既不是运输全过程的起点也不是终点。港口的规模的大小与其腹地服务范围密切有关。区域交通的发展可有效地带动区域经济的发展，从而提供充足的货源。货运港的疏港公路应尽可能连接干线公路，并与城市交通干道相连。客运港要与城市客运交通干道衔接，并与铁路车站、长途车站有方便的联系。

2. 港口建设与工业布置要紧密结合

由于深水港的建造推动了港口工业区的发展，推动深水港的建设是当前世界港口建设发展的趋势。此外，由于内河不仅能为工业提供最大价廉的运输能力，并且为工业和居民提供水源，因此城市工业的布局应充分利用这些有利条件，把那些货运量大而污染易于治理的大厂，尽可能沿通航河道布置。

3. 合理进行岸线分配与作业区布置

滨水岸线地处整个城市的前沿，分配和使用合理与否是关系到城市全局的大问题。分配岸线时应遵循"深水深用，浅水浅用，避免干扰，各得其所"的原则。水深10m的岸线可停万吨级船舶，应充分利用。接近城市生活区的岸线应留出一定长度为城市生活休憩使用。一个城市的港口通常按客运、煤、粮、木材、石油、大宗件货以及水陆联运等作业要求分成几个作业区。

4. 加强水陆联运的组织

港口是水陆联运的枢纽，是城市对外交通联接市内交通的重要环节。在规划中需要妥善安排水陆联运和水水联运，提高港口的疏运能力。在改造老港和建设新港时，要考虑与铁路、公路、管道和内河水运的密切配合，特别重视对运量大、成本低的内河运输的充分利用。因此，做好内河航道水系规划，加强铁路、公路的连接，提高港口的通过能力，并配置适当数量的仓库、堆场，以增加港口（包括城市）的货物储存能力，是港口城市规划中不可忽视的问题。

（四）航空港

随着民用航空事业的发展和城市经济活动范围的扩大，航空运输成为长距离重要商业活动和旅游的主要交通方式。

航空港又称为机场，按其航线服务范围可分为国际航线机场和国内航线机场。国内机场又可分为干线机场（航程＞2000km）、支线机场（航程1000km至2000km）和地方机场（航程＜1000km）。国际上不同规模机场的规模和尺度可参照表3-1来确定，我国机场的用地一般较小。

机场规模	长度（m）	宽度（m）	面积（ha）
大	7000	1000	700
中	5500	1000	550
小	4000	1000	400

不同规模机场的规模和尺度　　　　　　　　　　　　表3-1

随着现代飞机的大型化，飞行速度愈来愈快，运载量也愈来愈大，在城市对外交通运输中的比重也与日俱增，给城市带来的影响也愈来愈大。这些影响包括机场净空限制、噪音干扰和电磁波干扰控制等。一些航空港的影响范围达 $20 \sim 30km^2$。另外航空港与城市的客运交通联系的强度和方式也会对城市的交通产生巨大影响。

从净空限制的角度来看，机场的选址应使跑道轴线方向尽量避免穿过市区，最好位于城市侧面相切的位置。在这种情况下，跑道中心与城市市区的边缘的最小距离为 $5 \sim 7km$ 即可，如果跑道轴线通过城市，则跑道靠近城市的一端与市区边缘的距离，至少应在 15km 以上。

飞机的噪声很大，特别是沿飞机起飞、降落的方向干扰更大。因此，为避免飞机起飞、降落时越过城市市区上空而产生干扰，机场的位置宜在城市的沿主导风向的两侧为宜。即机场跑道轴线方向宜与城市市区平行或城市边缘相切，而不宜通过城市市区。

为满足机场通讯联络的要求，避免电波、磁场等对机场导航、通讯系统的干扰，在选择机场位置时，要考虑到对机场周围的高压线、变电站、发电站、电讯台、广播站、电气铁路以及有高频设备或 X 光设备的工厂、企业、科研、医疗单位的影响，并应按有关技术规范规定与它们保持一定距离。另外，与有大量铁轨线路的编组站也应有适当的距离。

由于航空事业的发展，在一个特大城市周围可能布置有若干个机场，因此必须考虑机场的服务范围。国外一些大城市如纽约、巴黎、伦敦、莫斯科等，民航机场就有 $3 \sim 4$ 个。在城市分布比较密集的区域，有些大型机场的设置，可能要考虑到为两个或若干个城市共用，如美国的华盛顿与巴尔第摩、西德的波恩与科隆等城市。在这种情况下，机场必须放在它们共同使用均等方便的位置。高速公路的发展使许多城市都可共用一个机场，除非有特殊的理由（如著名旅游胜地）机场应适度集中，力戒分散建设，造成客源不足，使城市背上不必要的沉重的经济负担。

机场并不是航空运输的终点，而是地空运输的一个衔接点。航空运输的全过程必须有地面交通的配合才能最后完成。目前，机场与城市的地面交通联系的速度与效率已成为提高现代空运速度的主要矛盾。据美国前几年统计，当航程为 250 英里（约400km）时，地面交通所占整个旅程时间为51%，当航程为 1000 英里（约1600km）时，地面交通所占整个旅程时间为22% ~ 32%。随着飞机航速的不断提高，飞行所花的时间将愈来愈短，地面交通所占的比例愈来愈大，这无疑是非常不合理的。因此，在城市规划中，必须很好地解决机场与城市的距离和交通联系问题。

1. 机场与城市的距离

从机场本身的使用，以及对城市的干扰、人防、安全等方面考虑，机场与城市的距离远些为好；但从机场为城市服务，更大地发挥高速的航空交通优越性来说，则要求机场接近城市。目前，国外一些国际民航机场与城市的距离一般都已超过10km；我国城市与机场的距离一般在 20~30km 之间。在城市规划时，必须努力争取在满足机场选址的要求前提下，尽量缩短机场与城市距离。

2. 机场与城市的交通联系

为了充分发挥航空运输的快速特点，要求机场与城市之间的道路交通必须直捷、高速、通畅。一般希望机场到城市所花的时间在 30 分钟以内。因此，在机场位置确定的同时，就要考虑如何组织机场至城市的交通联系。目前国外一般采用专用高速公路、高速列车（包括悬挂单轨车）、专用铁路、地下铁道等方式。

三、城市道路系统规划

（一）影响城市道路系统布局的因素

城市道路系统是组织城市各种功能用地的"骨架"，又是城市进行生产和生活活动的"动脉"。城市道路系统布局是否合理，直接关系到城市是否可以合理、经济地运转和发展。道路系统一旦确定，就基本上决定了城市发展布局的架构。这种影响是深远的，在一个相当长的时期内发挥作用。影响城市道路系统布局的因素主要有三个：城市在区域中的位置（城市外部交通联系和自然地理条件）；城市用地布局形态（城市骨架关系）；城市交通运输系统（市内交通组织）。

（二）城市道路系统规划的基本要求

1. 满足组织城市各部分用地布局的"骨架"要求

（1）城市各级道路应成为划分城市各分区、组团、各类城市用地的分界线。

（2）城市各级道路应成为联系城市各分区、组团、各类城市用地的通道。

（3）城市道路的选线应有利于组织城市的景观，并与城市绿地系统和主要建筑相配合形成城市的"景观骨架"。

从交通通畅和施工方便的角度看，道路宜直宜平，有时甚至有意识地把自然弯曲的道路裁弯取直，这样往往导致城市景观单调、呆板。规划中对于交通功能要求较高的道路，可以尽可能选线直捷，两旁布置较为开敞的绿地，体现其交通性；但也可以适当弯曲变化，活跃气氛，减少驾驶人员的视觉疲劳。对于生活性的道路，则应该充分结合地形，与城市绿地、水面、主体建筑、特征景点等组成一个整体。使道路的选线随地形自然变化，创造生动、活泼、自然、协调、多变的城市面貌，给人以强烈的生活气息和美的享受，使道路从布局功能的"骨架"演变成为城市居民心目中的城市景观意象"骨架"。

2. 满足城市交通运输的要求

（1）道路的功能必须同毗邻用地的性质相协调

道路两旁的土地使用决定了联系这些用地的道路上将会有什么类型、性质和数量的交通，决定了道路的功能；反之，一旦确定了道路的性质和功能，也就决定了道路两旁的土地应该如何使用。如果某条道路在城市中的位置决定了它是一条交通性的道路，那么就不应该在道路两侧（及两端）安排可能产生或吸引大量人流的生活性用地，如居住、商业服务中心和大型公共建筑；如果是生活性道路，则不应该在其两侧安排会产生或吸引大量车流、货流的生产性用地，如大中型工业、仓库和运输枢纽等。

（2）城市道路系统完整和通畅，交通均衡分布

城市道路系统应功能明确，系统清晰，完整，交通均衡分布，不同等级的道路应相互配合，尽量发挥各种交通工具的特点和效能，满足不同需要。组成一个合理的交通运输网

络，使城市各区之间有安全、方便、快捷、经济的交通联系，既满足平时的交通运输要求，又能满足发生各种自然灾害的紧急情况下的疏散要求。

道路系统规划应与城市用地规划结合，做到布局合理，尽可能地减少交通。减少交通并非减少居民的出行次数和货物的运量，而是减少出行距离和不必要的往返运输和迂回运输。要尽可能把交通组织在城市分区或组团的内部，减少跨越分区或组团的远距离交通，并做到交通在道路系统上的均衡分布。

道路系统规划中应注意采取集中与分散相结合的原则。集中就是把相同性质、功能要求的交通相对集中起来，提高道路的使用效率。分散就是尽可能使交通均匀分布，简化交通矛盾，同时尽可能为使用者提供多种选择机会。所以，在规划中应特别注意避免单一通道的做法，对于每一个交通需要，都应提供两条以上的路线（通道）为使用者选择。城市各部分之间（如市中心、工业区、居住区、车站和码头）应有便捷的交通联系，城市各组团、分区间要有必要的干道数量相联系。在商业中心、体育场、火车站、航空港、码头等大量客、货流集散地附近的道路网络要有一定的灵活机动性，也可为发生地震时疏散人流提供绕行道路，同时要为道路未来的发展留有一定的余地。

（3）要有适当的道路网密度和面积率

城市道路网密度是指单位城市用地上的道路总长度。城市道路网密度要兼顾城市各种生产与生活的不同要求，密度过小则交通不便，密度过大则可能造成用地和投资的浪费，也影响道路的通行能力。根据城市建设的经验，大城市的道路网密度以 4 ~ 6km/km^2 为宜。如北京中心区规划道路网密度为 4km/km^2；上海浦东新区开发区道路网密度为 6km/km^2。

道路面积率是指道路面积与用地面积的比率。道路面积率是道路间距和道路宽度的综合指标，城市道路面积在城市用地面积中应有适当的比例。根据对世界各大城市道路面积率资料的分析，认为道路面积率以 20% 左右较为合适。如纽约曼哈顿的道路面积率为 35%，华盛顿的道路面积率为 43%，均认为太高。这两个城市除了道路就是房屋，没有或少有庭院，因而不可取。再如伦敦的道路面积率为 23%，北京和巴黎的道路面积率为 25%，认为较为适宜。上海浦东新区道路面积率采用的是 20%。

（4）道路系统要有利于实现交通分流

道路系统应满足不同功能交通的不同要求：快速与常速、交通性与生活性、机动与非机动、车与人等。一个城市的道路系统规划要有利于根据交通的发展要求，逐步形成快速与常速、交通性与生活性、机动与非机动、车与人等不同的系统，如快速机动系统（交通性）、常速混行系统（又可分为交通性和生活性两类）、公共交通系统（如公共汽车专用道）、自行车系统和步行系统，使每个系统都能高效率地为不同的使用对象服务。

（5）要为交通组织和管理创造良好的条件

干道系统应尽可能简单、整齐、醒目，以便行驶车辆通行时方向明确并易于组织交叉口的交通。一个交叉口交汇的道路通常不宜超过 4 条，最多不超过 5 条；交叉角不宜小于60°或不宜大于120°，否则将使交叉口的交通组织复杂化，影响道路的通行能力和交通安全。道路路线转折角大时，转折点宜放在路段上，不宜设在交叉口上。这样既可丰富道路景观，又有利于交通安全。

（6）道路系统应与城市对外交通有方便的联系

城市内部的道路系统与城镇间道路（公路）系统既要有方便的联系，又不能形成相互冲击和干扰。公路兼有过境和出入城两种作用，不能和城市内部的道路系统相混淆。要注意城市对外的交通联系有一定的机动性和留有一定的发展余地，使与城市出入口道路、区域公路网有顺畅的联系和良好的配合。

城市道路系统又要与铁路站场、港区码头和机场有方便的联系，以满足对外交通的客货运输要求。要处理好铁路和城市道路的交叉问题。在铁路两旁都有城市用地的情况下，铁路与城市道路的立交设置至少应保证城市干道无阻通过，必要时还应考虑适当设置人行立交。

3. 满足城市环境的要求

城市道路的布局应尽可能使建筑用地取得良好的朝向，从交通安全来看，道路最好能避免正东西方向，因为日光耀眼易导致交通事故。因此，道路的走向最好处在南北和东西向的中间方位，与子午线成30°~60°角，这样对沿路房屋的日照也较适宜。

城市道路又是城市的风道，要结合城市绿地规划，把绿地中的新鲜空气，通过道路引入城市。因此道路的走向又要有利于通风，一般应平行于夏季主导风向，同时又要考虑抗御冬季寒风和台风的正面袭击。

为了减少车辆噪音的影响，应避免过境交通直穿市区，控制货运车辆和有轨车辆从居住区穿行。

旧城道路网的规划，应充分考虑旧城历史、地方特色和原有道路网形成发展的过程，切勿随意改变道路走向，对有历史文化价值的街道与名胜古迹要加以保护。

4. 满足各种工程管线布置的要求

城市市政工程管线（如给水管、雨水管、污水管、电力电缆、照明电缆、通讯电缆、供热管道、煤气管道及地上架空线杆等）一般都沿道路敷设。城市道路应根据城市工程管线的规划为管线的敷设留有足够的空间，道路系统规划还应与城市人防工程规划密切配合。

（三）城市道路分类

城市道路既是城市的骨架，又要满足不同性质交通流的功能要求。作为城市交通的主要设施，道路首先应该满足交通的功能要求，同时起到组织城市用地的作用。城市道路系统规划要求按道路在城市总体布局中的骨架作用和交通地位对道路进行分类，还要按照道路的交通功能进行分析，同时满足"骨架"和"交通功能"的需要。因此，按照城市骨架的要求和按照交通功能的要求进行分类并不是矛盾的，两种分类都是必须的，应该相辅相成、相互协调。两种分类的协调统一是衡量一个城市的交通与道路系统是否合理的重要标志。

1. 按道路等级分类

快速路：是城市中为中、长距离快速机动车交通服务的道路。其中间设有中央分隔带，布置有双向四条以上的车道，全部采用立体交叉控制车辆出入；常布置在城市组团间的绿化分隔带中，并成为城市与高速公路的联系通道。快速路是大城市交通运输的主要动脉。在快速路两侧不宜设置吸引大量人流的公共建筑物的进出口，而对两侧一般建筑物的进出口也应加以控制。一些特大城市由于现状条件的限制，在城市中心区的边缘采用主（快速）、辅（常速）路的形式修建快速路。

主干路：又称全市性干道，是城市中为常速主要交通服务的道路，在城市道路网中起骨架作用。大城市的主干路多以交通功能为主，负担城市各区、组团之间的交通联系，以及与城市对外交通枢纽之间的联系，也可以成为城市主要的生活性景观大道。中、小城市的主干路常兼有沿线服务功能。主干路上平面交叉口间距以 600～1200m 为宜，以减少交叉口交通对主干路交通的干扰。自行车交通量大时，宜采用机动车与非机动车分隔的形式。例如北京东西长安街是全市性东西向主干路，红线宽 50～80m，市中心路段为双向 10 条机动车车道，实行机动车和非机动车分流；又如上海中山东一路是双向 10 车道的主干路，兼具交通和景观两种功能。

次干路：是城市各组团内的主要道路。次干路联系各主干路，并与主干路组成城市干道路网，在交通上起集散交通的作用；同时，由于次干路沿路常布置公共建筑和住宅，又兼具生活性服务功能。次干路的交叉口间距一般以 350～500m 为宜，常采用机非混行的道路断面。

支路：是城市一般街坊道路，在交通上起汇集作用，直接为两侧用地功能服务，以生活性功能为主。支路上机动车较少，以非机动车和步行交通为主。为方便出行，支路的间距以 150～250m 为宜。

2. 按道路功能分类

城市道路按功能分类的依据是道路与城市用地的关系，按道路两旁用地所产生的交通流的性质来确定道路的功能。城市道路按功能可分为两类：

交通性道路：它是以满足交通运输的要求为主要功能的道路，承担城市主要的交通流量及与对外交通的联系。其特点为车速大、车辆多、车行道宽。道路线型要符合快速行驶的要求，道路两旁要求避免布置吸引大量人流的公共建筑。根据车流的性质，又可分为：货运为主的交通干道（主要分布在城市外围和工业区、对外货运交通枢纽附近）、客运为主的交通干道（主要布置在城市客流主要流向上）和客货混合性交通道路（是交通干道间的集散性或联络性道路，一般位于用地性质混杂的地段）三种。

交通性道路要求快速、畅通、避免行人频繁过街的干扰。对于快速以机动车为主的交通干道要求避免非机动车的干扰；而对于自行车专用道则要求避免机动车的干扰。除了自行车专用道以外，交通性道路网还必须同公路网有方便的联系，同城市中除交通性用地（工业、仓库、交通运输用地）以外的城市用地（居住、公共建筑、游憩用地等）有较好的隔离，又希望能有顺直的线形。所以，特别是在大城市和特大城市，常常由城市各分区（组团）之间的规则或不规则的方格状道路，同对外交通道路（公路）呈放射式的联系，再加上若干条环线，构成环形放射（部分方格状）式的道路系统。在组合型的城市、带状发展的城市和指状发展的城市，通常以链式或放射式的交通性干道的骨架形成交通性路网。在小城市，交通性路网的骨架可能会形成环形或其他较为简单的形状。

生活性道路：是以满足城市生活性交通要求为主要功能的道路，主要为城市居民购物、社交、游憩等活动服务的。其以步行和自行车交通为主，机动交通较少，道路两旁多布置为生活服务的人流较多的公共建筑及居住建筑，要求有较好的公共交通服务条件。

生活性道路要求的行车速度相对低一些，要求不受交通性车辆的干扰，同居民要有方便的联系，同时又要求有一定的景观要求，主要反映城市的中观和微观面貌。生活性道路一般由两部分组成，一部分是联系城市各分区（组团）的生活性主干道，一部分是分区

（组团）内部的道路网。前一部分常根据城市布局的形态形成为方格状或放射环状的路网，后一部分常形成为方格状（常在旧城中心部分）或自由式（常在城市边缘新区）的道路网。生活性道路的人行道比较宽，也要求有好的绿化环境，所以，在城市新区的开发中，为了增加对城市居民的吸引力，除了配套建设形成完善的城市设施外，特别要注意因地制宜地采用活泼的道路系统和绿地系统；在组织好城市生活的同时，组织好城市的景观。如果简单地采用规整的方格网，又不注意绿化的多样化，很容易产生单调呆板、甚至荒凉的感觉。

（四）城市道路系统的空间组织

1. 城市干道网类型

城市道路系统是为适应城市发展，满足城市用地和城市交通以及其他需要而形成的。在不同的社会经济条件、自然条件和建设条件下，不同城市的道路系统有不同的发展形态。从形式上，常见的城市道路网可归纳为四种类型：

（1）方格网式道路网

方格网式又称棋盘式，是最常见的一种道路网类型。它适用于地形平坦的城市。用方格网道路划分的街坊形状整齐，有利于建筑的布置；由于平行方向有多条道路，交通分散，灵活性大，但对角线方向的交通联系不便，非直线系数（道路距离与空间直线距离之比）大。有的城市在方格网的基础上增加若干条放射干线，以利于对角线方向的交通；但因此又将形成三角形街坊和复杂的多路交叉口，既不利于建筑布置，又不利于交叉口的交通组织。完全方格网的大城市，如果不配合交通管制，容易形成不必要的穿越中心区的交通。一些大城市的旧城区历史形成的路幅狭窄、间隔均匀、密度较大的方格网，已不能适应现代城市交通的要求，可以组织单向交通，以解决交通拥挤问题。

（2）环形放射式道路网

环形放射式道路网起源于欧洲，是以广场为中心组织城市空间布局的规划手法，最初是几何构图的产物，多用于大城市。这种道路网的放射形干道有利于市中心同外围市区和郊区的联系，环形干道又有利于中心城区外的市区及郊区的相互联系，在功能上有一定的优点。但是，放射形干道容易把外围的交通迅速引入市中心地区，引起交通在市中心地区过分的集中，同时会出现许多不规则的街坊，交通灵活性不如方格网道路系统。环形干道又容易引起城市沿环路发展，促使城市呈同心圆式不断向外扩张。

为了充分利用环形放射式道路网的优点，避免其缺点，国外一些大城市已将原有的环形放射路网调整改建为快速干道系统，对缓解城市中心的交通压力，促使城市转向沿交通干线向外发展起了十分重要的作用。

（3）自由式道路网

自由式道路通常是由于城市自然地形变化较大，道路结合自然地形呈不规则状布置而形成的。这种类型的路网没有一定的格式，变化很多，非直线系数较大。如果综合考虑城市用地的布局、建筑的布置、道路工程及创造城市景观等因素精心规划，不但能取得良好的经济效果和人车分流效果，而且可以形成活泼丰富的景观效果。国外很多新城的规划都采用自由式的道路系统。美国阿肯色州 1970 年规划的新城茅美尔（Maumelle），选在一片丘陵地，在交通干道的一侧布置了工业区，另一侧则结合地形、河湖水面和绿地安排城市用地；道路呈自由式布置，形成很好的居住环境。我国山区和丘陵地区的一些城市也常采用自由式的道路系统，道路沿山麓或河岸布置，如青岛、重庆等城市。

（4）混合式道路网

由于历史的原因，城市的发展经历了不同的阶段，在这些不同的发展阶段中，有的发展区受地形条件约束，形成了不同的道路形式，有的则是在不同的规划建设思想（包括半殖民地时期外国的影响）下形成了不同的路网。在同一城市中存在几种类型的道路网，组合而成为混合式的道路系统。还有一些城市，在现代城市规划思想的影响下，结合城市用地的条件和各种类型道路网的优点，有意识地对原有道路结构进行调整和改造，形成为新型的混合式的道路系统。

常见的方格网加环形放射式的道路系统是大城市发展后期形成的效果较好的一种道路网形式，如北京。

还有一种常见的链式道路网，是由一两条主要交通干道作为纽带（链），好像脊骨一样联系着各类较小范围的道路网而形成的。常见于组合型城市或带状发展的组团式城市，如武汉、兰州等城市。

经历了不同阶段发展的大城市的这种混合式道路系统，如果在好的规划思想指导下，对城市结构和道路网进行认真地分析和调整，因地制宜地规划，仍可以很好地组织城市生活和城市交通，取得较好的效果。合肥市的道路系统十分重视道路的性质和功能分工，用道路系统组织城市，是一个较好的例子。规划中把城市的交通干道同公路干线连成一体，把城市划分为几个分区。公路交通可以便捷地进入城市，同时又不穿越城市中心。城市中心地区和各城市分区的内部另有一个由生活性干道为主构成的服务性路网。城市货运交通环境与城市生活环境互不干扰，同时还安排了全市自行车干道和步行街。

2. 城市道路网按性质的分工

城市道路网按其性质可以分为快速道路网和常速道路网两个路网层次。

城市快速道路网是现代化城市发展和汽车化发展的产物。对于大城市和特大城市，城市快速道路网可以适应现代化城市交通对快速、畅通和交通分流的要求，不但能起疏解城市交通的作用，而且可以成为高速公路与城市交通道路间的中介系统。

城市常速道路网包括一般机非混行的道路网和步行、自行车专用系统。规划时要分别考虑其功能要求并加以有机组织。

3. 城市道路衔接原则

（1）城市道路（包括公路）衔接的原则归纳起来有四点：低速让高速、次要让主要、生活性让交通性、适当分离。

（2）城镇间道路与城市道路网的连接

城镇间道路把城市对外联络的交通引出城市，又把大量入城交通引入城市。所以城镇间道路与城市道路网的连接应有利于把城市对外交通迅速引出城市，避免入城交通对城市道路，特别是城市中心地区道路上的交通的过多冲击，还要有利于过境交通方便地绕过城市，而不应该把过境的穿越性交通引入城市和城市中心地区。

城镇间道路分为高速公路和一般公路。一般公路可以直接与城市外围的干道相连，要避免与直通城市中心的干道相连。高速公路则应该采用立体交叉与城市路网相连，由一处（小城镇）或两处（较大城市）以上的立体交叉连接城市快速道路（大城市和特大城市）和城市外围交通干道。

目前我国许多小城镇沿公路发展，公路同时作为城镇内部主要道路使用。因此，公路穿越性交通受到城镇内交通的影响，经常发生减速、拥挤和阻塞现象；城镇内部交通也受到公路交通的阻隔而不畅通。规划时应该考虑在条件成熟时选择适当的方式处理好公路与城镇内道路的连接问题，把公路交通与城镇内交通分离开来。一般可采取两种方式：

公路立体穿越城镇：利用地形条件将公路改为路堤式（高架式）或路堑式，用立交解决两侧城区之间的联系；

公路绕过城镇：选择适当位置将公路移出城镇，改变城镇道路与公路的连接位置，原公路成为城镇内部道路。改建时应注意同时处理好城镇发展与公路之间的关系，并对移出的公路两侧实施绿化保护，防止形成新的建设区。

对于特大城市，高速公路可以直接引到城市中心地区的边缘，同城市主要快速交通环路相连，必要时也可采用高架或地下道的方式通过城市中心地区。高速公路不得直接与城市生活性道路和交通性次干道相连。

（五）城市交通枢纽在城市中的布置

城市交通枢纽可分为三类，分别是货运交通枢纽、客运交通枢纽及设施性交通枢纽。

1. 货运交通枢纽的布置

货运交通枢纽包括城市仓库、物流中心、铁路货站、公路运输货站、水运货运码头、市内汽车运输站场，是市内和城市对外的仓储/转运的枢纽，因而是城市货流的重要进出节点。在城市道路系统规划中，应注意使货运交通枢纽尽可能与交通性的货运干道有良好的联系，实现陆—陆、水—陆、空—陆的对接。物流中心是组织城市货运的一种新的形式，是以货运车辆枢纽站为中心，包括仓库、批发甚至包括小型加工和包装工场等组织在一起的综合性中心，减少了货物在供销、储存、流通、分配、经营等几个环节中的不必要的周转，从而减少了自身的往返运输和城市的交通量。市级物流中心通常布置在城市外围环路与通往其他城市的高速公路相交的地方，有的还结合铁路站场和水运货运码头布置。这种布置方式有利于货物流通的经济合理和货运车辆的集疏，并减少了城市中心地区交通的混乱。

同时，在城市中心地区，可以结合城市商业中心和市内工业用地的布置，安排若干个市区内次一级的货物流通中心；也可以安排地下仓储批发设施，采用地下货运通道与城市外围货运交通干道连接，以减少城市中心地区产生大量生产性和生活性货物运输对市中心地面交通的干扰。

2. 客运交通枢纽的布置

城市客运交通枢纽是指城市对外客运设施（铁路客站、公路客站、水运客站和航空港等）和城市公共交通枢纽站。

铁路、水运、航空等城市对外客运设施的布置主要取决于城市对外交通在城市中的布局。公路长途客运设施一般布置在城市中心区边缘附近或靠近铁路客站、水运客站附近，并与城市对外公路干线有方便的联系。在城市布局中应有意识地结合城市对外客运设施的布置，形成城市对外客运与市内公共交通客运相互转换的客运交通枢纽；同时，结合公共交通线路网的布局，市内大型人流集散点（商业服务中心、大型文化体育中心）的布置，形成若干个市内客运交通枢纽；在市中心区与近郊市区结合部或市区与郊区结合部形成若干个市内与市郊换乘的客运交通枢纽。在特大城市还应注意结合地铁、轻轨等大运量快速公共交通站点的布置，形成客运换乘枢纽，满足大流量客流集散与换乘的要求。

客运交通枢纽必须与城市客运交通干道有方便的联系，又不能过多地冲击和影响客运交通干道的畅通。可以采取组织立体交通的方式，形成地上、地下相结合的综合性枢纽。客运交通枢纽位置的选择主要结合城市交通系统的布局，并与城市中心、生活居住区的布置综合考虑。好的选点不但能方便居民换乘，有利于道路客流的均衡分布，而且还可以促进城市中心的发展建设。

北京市结合对外客运交通设施、地铁线路、商业中心、文化中心等的布局，规划了对外交通换乘枢纽、市区级换乘枢纽、地区级换乘枢纽、文化娱乐区换乘枢纽等4类客运交通换乘枢纽。

3. 设施性交通枢纽的布置

设施性交通枢纽包括为解决人流、车流相互交叉的立体交叉（包括人行天桥和地道）和为解决车辆停驻而设置的停车场等。

立体交叉的布置主要取决于城市道路系统的布局，是为快速交通之间的转换和快速交通与常速交通之间的转换或分离而设置的，主要应设置在快速干道的沿线上。为保证交通的畅通，在交通流量很大的交通干道上，也可适当设置立体交叉。

城市公共停车场有三种类型。

城市各类中心附近的市内公共停车场（包括停车楼和地下车库）：具体布置与所服务的设施的性质、规模、位置有关，以停放中、小型客车为主，要求乘客使用方便且与交通性道路有好的联系。在城市中心地区，可以按社会拥有客运车辆数的15%～20%规划停车场的用地，近期可考虑为地面停车场，远期改建为多层停车库。

城市主要出入口的大型停车场：主要为外来车辆（货运车辆为主）服务，阻截不必要的穿城交通；应配备旅馆、饮食服务、日用品商店及加油、检修车辆、邮政通信等设施。

超级市场、大型城外游乐场地的停车场：布置在设施的出入口附近，以客运车辆为主，也可以结合公共汽车站进行布置。

城市公共停车场的用地总量可以按城市人口每人 $0.8 \sim 1.0 m^2$ 安排。

（六）城市道路系统规划的技术要求

1. 道路交叉口间距

不同规模的城市有不同的交叉口间距要求，不同性质、不同等级的道路也有不同的交叉口间距要求。交叉口的间距主要取决于规划规定的道路的设计车速及隔离程度，同时也要考虑不同使用对象的方便性要求。

城市各级道路的交叉口间距可按表3-2的推荐值选用。

城市各级道路的交叉口间距　　　　　　　　　　　　　　表3-2

道路等级类型	城市快速路	城市主干路	城市次干路	支路
设计车速（km/h）	≥80	40～60	40	≤30
交叉口间距（m）	1500～2500	700～1200	350～500	150～250

2. 道路红线宽度

道路红线是道路用地和两侧建筑用地的分界线，即道路横断面中各种用地总宽度的边界线。一般情况下，道路红线就是建筑红线，即为建筑不可逾越线。但有些城市在道路红线外侧另行划定建筑红线，增加绿化用地，并为将来道路红线向外扩展的可能留有余地。

确定道路红线宽度时，应根据道路的性质、位置、道路与两旁建筑的关系、街景设计的要求等，综合考虑街道空间的尺度和比例。

道路红线内的用地包括车行道、步行道、绿化带、分隔带四部分。在道路的不同部位，这四种部分的宽度有不同的要求。比如，在道路交叉口附近，要求车行道加宽以利于不同方向车流在交叉口分行，步行道部分加宽以减少交叉口人流拥挤状况；在设有公共交通停靠站附近，要求增加乘客候车和集散的用地；在公共建筑附近需要增加停车场地和人流集散的用地。这些场地都不应该占用正常的通行场地。所以，道路红线实际需要的宽度是变化的，红线不应该是一条直线。

不同等级道路对道路红线宽度的要求如表 3-3 所示。

不同等级道路的红线宽度　　　　　　　　　　　　　　　表 3-3

	快速干道	主干道	次干道	一般道路
红线宽度（m）	60 ~ 100	40 ~ 70	30 ~ 50	20 ~ 30

3. 道路横断面类型

人们通常依据车行道的布置命名横断面的类型。不用分隔带划分车行道的道路横断面称为一块板断面。用一条分隔带将车行道划分为两部分的道路横断面称为两块板断面。用两条分隔带将车行道划分为三部分的道路横断面称为三块板断面。用三条分隔带将车行道划分为四部分的道路横断面称为四块板断面。

（1）一块板道路横断面

一块板道路的车行道可以用作机动车专用道、自行车专用道以及大量作为机动车与非机动车混合行驶的次干道及支路。

在混行状态下，机动车的车速较低。所以，一块板道路在机动车交通量较小，自行车交通量较大，或机动车交通量较大、自行车交通量较小，或两种车流交通量都不大的状况下都能取得较好的使用效果。

由于一块板道路能适应"钟摆式"的交通流（即上班早高峰时某一个方向交通量所占比例特别大，下班晚高峰时相反方向交通量所占比例特别大），以及可以利用自行车和机动车的高峰时间在不同时间出现的状况，调节横断面的使用宽度，而且具有占地小、投资省、通过交叉口时间短、交叉口通行效率高的优点，仍是一种很好的横断面类型。

（2）两块板道路横断面

两块板道路通常是利用中央分隔带（可布置低矮绿化）将车行道分成两部分。中央分隔带的设置和两块板道路的交通组织有下列四种考虑：

解决对向机动车流的相互干扰问题。规范规定，当道路设计车速大于 50km/h 时，必须设置中央分隔带。这种形式的两块板道路主要用于纯机动车行驶的车速高、交通量大的交通性干道，包括城市快速干道和高速公路。

有较高的景观、绿化要求。对于景观、绿化要求较高的生活性道路，可以用较宽的绿化分隔带形成景观绿化环境。这种形式的两块板道路采用同方向机动车和非机动车并道行驶的交通组织，也可以利用机动车和非机动车高峰错时的现象，在不同时段调节横断面各车道的使用性质，或调节不同车流的使用宽度。

地形起伏变化较大的地段。将两个方向的车行道布置在不同的平面上，形成有高差的中央分隔带，宽度可随地形变化而变动，以减少土方量和道路造价。对于交通性道路可组织纯机动车交通的单向行驶；对于混合性道路和生活性道路，则可以考虑在每一个车行道上组织机动车单向行驶和非机动车双向行驶。

机动车与非机动车分离。对于机动车和自行车流量车速都很大的近郊区道路，可以用较宽的绿带分别组织机动车道和自行车道，形成两块板式横断面的道路。这种横断面可以大大减少机动车与自行车的矛盾，使两种交通流都能获得良好的交通环境，但在交叉口的交通组织不易处理得很好，故而较少采用。

此外，当主要交通干道的一侧布置有产生大量车流出入和集散的用地时，可以在该侧设置辅助道路，以减少这些车流对主要交通干道正常行驶车流的冲击干扰。其形式类同于两块板道路。辅助道路两端出入口（与该交通干道的交叉口）间距应大致等于该交通干道的合理交叉口间距，如采用禁止左转驶入干道的交通管制，则间距可以缩小。

（3）三块板道路横断面

三块板道路通常是利用两条分隔带将机动车流和自行车（非机动车）流分开。机动车与非机动车分道行驶，可以提高机动车和自行车的行驶速度、保障交通安全。同时，三块板道路可以在分隔带上布置多层次的绿化，从景观上可以取得较好的美化城市的效果。但是，三块板道路由于没有解决对向机动车的相互影响，行车车速受到限制。机动车与沿街用地之间受到自行车道的隔离，经常发生机动车正向或逆向驶入自行车道的现象，占用自行车道断面，影响自行车的正常通行，而且易发生交通事故。自行车的行驶也受到分隔带的限制，与街道另一侧的联系不方便，经常出现自行车在自行车道、甚至机动车道上逆向行驶的状况。同时，三块板道路的红线宽度至少在 40m 以上，占地大，投资高；一般车行道部分的宽度在 20~30m 以上，所以车辆通过交叉口的距离加大，交叉口的通行效率受到影响。

三块板道路横断面适用于机动车交通量不十分大而又有一定的车速和车流畅通要求：自行车交通量又较大的生活性道路或交通性客运干道，不适用于机动车和自行车交通量都很大的交通性干道和要求机动车车速快而畅通的城市快速干道。

（4）四块板道路横断面

四块板道路就是在三块板的基础上，增加一条中央分隔带，解决对向机动车相互干扰的问题。

四块板道路横断面本身存在着矛盾：一般当机动车车速超过 50km/h 时才有必要设置中央分隔带，所以机动车流应是快速车流。而四块板道路由于设有低速的自行车道，存在低速自行车流不时穿越机动车道的情况，必然会影响机动车流的车速、畅通和安全。如果限制非机动车横穿道路，则给道路两侧的联系造成不便，又可能出现在少数允许过街口交通过于集中的现象，反而影响机动车的畅通和快速。同时，四块板道路的占地和投资都很大，交叉口通行能力也较低，并不经济。

一些城市的快速干道（环路）选用类似四块板的主辅横断面形式，即将快速道路与常速道路组合在一个断面，常速与快速、常速与常速的交通转换同在一个交叉口进行，即使采用立体交叉，也极易发生交通拥挤和阻塞，以及由于自行车、行人任意穿越道路而发生交通事故的问题。快速干道应有的畅通性也受到了破坏。所以，一般在城市道路中不宜采用这种横断面类型。

四、城市交通政策

根据城市的性质、规模、自然环境、历史及发展趋势，确立交通政策和运输方式。城市交通政策由交通技术政策、经济政策和管理政策等组成综合政策体系。目前我国城市公认的城市交通政策要点包括：优先发展公共交通的政策；合理控制私人小汽车和自行车盲目发展的政策；限制摩托车在城市中心区行驶的政策等。

第五节　城市居住用地

一、城市居住用地的选择与分布

居住用地是城市用地的重要组成部分，居住是城市的第一功能。城市居住生活有着丰富的内涵，不仅有各具特色的家居生活，还有着多样的户外社会、文化、消费和休闲等活动。创造良好的居住环境，提高居住生活质量是城市规划的主要任务之一。城市居住用地的规划应结合城市的自然资源和环境条件，选择合适的城市用地，处理好居住与其他用地功能的关系，进行合理的组织与布局。

（一）居住用地的选择

居住用地的选择关系到城市的功能布局、居民的生活质量与环境质量、建设经济与开发效益等多个方面。一般要考虑以下几方面要求：

（1）选择自然环境优良的地区，有着适于建筑的地形与工程地质条件，避免易受洪水、地震灾害，和滑坡、沼泽、风口等不良条件的地区。在丘陵地区，宜选择向阳、通风的坡面。在可能情况下，尽量接近水面和风景优美的环境。

（2）居住用地的选择应与城市总体布局结构及其就业区与商业中心等功能地域协调相对关系，以减少居住—工作、居住—消费的出行距离与时间。

（3）居住用地选择要十分注重用地自身及用地周边的环境污染影响。在接近工业区时，要选择在常年主导风向的上风向，并按环保等法规规定间隔有必要的防护距离，为营造卫生安宁的居住生活空间提供环境保证。

（4）居住用地选择应有适宜的规模与用地形状，使以合理地组织居住生活，和经济有效地配置公共服务设施等。合宜的用地形状将有利于居住区的空间组织和建设工程经济。

（5）在城市外围选择居住用地，要考虑与现有城区的功能结构关系，利用旧城区公共设施、就业设施，有利于密切新区与旧区的关系，节省居住区建设的初期投资。

（6）居住区用地选择要结合房产市场的需求趋向，考虑建设的可行性与效益。

（7）居住用地选择要注意留有余地。在居住用地与产业用地配合一体安排时，要考虑相互发展的趋向与需要；如产业有一定发展潜力与可能时，居住用地应有相应的发展安排与空间准备。

（二）居住用地的规划布置

1. 居住用地规划的原则

（1）要将居住用地作为城市土地利用结构的组成部分，协调与整合城市总体的功能、空间与环境关系，在用地规模、标准、分布与组织结构等方面，确定居住用地规划的格局与形态。

（2）居住用地的规划组织要尊重地方文化脉络及居住生活方式，体现生活的秩序与效能，贯彻以人为本的原则。

（3）居住用地规划，要重视居住地域同城市绿地开放空间系统的关系，使居民更多地接近自然环境，提高居住地域的生态效应。

（4）居住用地规划要遵循相关的用地与环境等的规范与标准，在为居民创造良好的居住环境的前提下，确定建筑的容量、用地指标，并结合地理的、经济的、功能的因素，提高土地的效用，保证环境质量。

（5）城市居住地区作为定居基地，具有地域社会即社区的性质，居住用地规划要为营造安定、健康、和谐的社区环境，提供空间与设施支持。

（6）居住用地的组织与规模，要有利于社区管理与物业管理。

2. 居住用地的分布

城市居住用地在城市总体布局中的分布，有两种基本方式：

（1）集中布置

当城市规模不大，有足够的用地，且在用地范围内无自然或人为的障碍，而可以成片紧凑地组织用地时，常采用这种布置方式。用地的集中布置可以节约城市市政建设投资，密切城市各部分在空间上的联系，在便利交通、减少能耗、时耗等方面可能获得较好的效果。

但是，如果城市规模较大，居住用地过于大片密集布置，可能会造成上下班出行距离增加，疏远居住与自然的联系，影响居住生活质量的提高。

（2）分散布置

当城市规模较大，或城市用地受到地形等自然条件限制，或因城市的产业分布和道路交通设施的走向与网络的影响时，居住用地应适当分散分布。如在大城市中，顺应城市结构的变化，采用分片布置；在丘陵地区城市中，居住用地顺延多条谷地展开；在矿区城市，居住用地与采矿点相伴而分散布置。

城市居住用地的布局，涉及城市的现状构成基础、城市自然地理条件、城市的规模、城市的功能结构，以及城市的道路与绿地网络等诸多影响因素。应结合城市的具体情况，应遵循集中与分散相结合的分布原则。

二、城市居住区详细规划

（一）居住区详细规划的任务和内容

1. 居住区详细规划的任务

居住区详细规划的任务是创造一个满足日常物质和文化生活需要的舒适、方便、卫生、安宁和优美的居住环境。在居住区内，除了布置住宅外，还应布置居民日常生活所需的各类公共服务设施、绿地和活动场地、道路广场、市政工程设施等。居住区内也可考虑设置少数没有显著环境影响的工业。

居住区详细规划必须根据总体规划和近期建设的要求，对居住区内各项建设做好综合全面的安排。居住区规划还必须考虑一定时期国家经济发展水平和人民的文化、生活水平，居民的生活需要和习惯，物质技术条件，以及气候、地形和现状等条件，同时应注意远、近结合，留有发展余地。

居住区详细规划是一项综合性较强的规划设计工作，涉及面较广，一般应满足以下几方面的要求。

（1）使用要求

为居民创造生活方便的居住环境是居住区规划最基本的要求。居民的使用要求是多方面的，例如为适应住户家庭不同的人口组成和气候特点，选择合适的住宅类型；为了满足居民生活的多种需要，合理确定公共服务设施的项目、规模及其分布方式，合理地组织居民室外活动场地、绿地和居住区的内外交通等。

（2）卫生要求

为居民创造卫生、安静的居住环境，要求居住区有良好的日照、通风等条件，以及防止噪声的干扰和空气的污染等。

（3）安全要求

为居民创造一个安全的居住环境。居住区规划除保证居民在正常情况下，生活能有条不紊地进行外，同时也要考虑防范那些可能引起灾害发生的特殊和非常情况，如火灾、地震等。

（4）经济要求

居住区的规划与建设应与国民经济发展的水平、居民的生活水平相适应。也就是说，在确定住宅的标准、公共建筑的规模、项目等均需考虑当时当地的建设投资及居民的经济状况。

（5）施工要求

居住区的规划设计应有利于施工的组织与经营。特别是当成片居住区进行施工时，更应注意各建设项目的布置适应施工要求和建设程序。

（6）美观要求

要为居民创造一个优美的居住环境。居住区是城市中建设量最多的项目，因此它的规划与建设对城市的面貌有着很大的影响。在一些老城市，旧居住区的改建已成为改变城市面貌的一个重要方面。一个优美的居住环境的形成不仅取决于住宅和公共建筑的设计，更重要的取决于建筑群体的组合，建筑群体与环境的结合。

2. 居住区详细规划的内容

（1）选择、确定用地位置、范围；

（2）确定规模，即人口数量和用地的大小；

（3）拟定居住建筑类型、层数比例、数量、布置方式；

（4）拟定公共服务设施的内容、规模、数量（包括建筑和用地）、分布和布置方式；

（5）拟定各级道路的宽度、断面形式、布置方式；

（6）拟定公共绿地的数量、分布和布置方式；

（7）拟定有关的工程规划设计方案；

（8）拟定各项技术经济指标和造价估算。

（二）居住区的构成和规模

1. 居住区的用地构成

居住区的用地根据不同的功能要求，一般可分为以下四类。

（1）住宅用地

指居住建筑基底占有的用地及其前后左右必需留出的一些空地（住宅日照间距范围内

的土地一般都列入居住建筑用地），其中包括通向居住建筑入口的小路、宅旁绿地和杂务院等；

（2）公共服务设施用地

指居住区各类公共建筑和公用设施建筑物基底占有的用地及其周围的专用地，包括专用地中的通路、场地和绿地等；

（3）道路用地

指居住区范围内的不属于上两项内道路的路面以及小广场、停车场、回车场等。

（4）绿化用地

指居住区内满足规定的日照要求，安排有游憩活动设施的、供居民共享的游憩绿地，包括居住区公园、小游园、组团绿地及其他块状带状绿地等。

2. 居住区的规模

居住区的规模包括人口及用地两个方面，以人口数作为规模的标志。居住区作为城市的一个居住组成单位，以及由于其本身的功能、工程技术经济和管理等方面的要求应具有适当的规模。这个合理规模的确定，主要受以下一些因素决定：

（1）设置居住区级商业服务设施的经济性和合理的服务半径

成套配置居住区级商业、文化、医疗等公共服务设施的经济合理性在相当长的时期内将是影响居住区合理规模的一个重要因素。所谓合理的服务半径，是指居住区内居民到达居住区级公共服务设施的最大步行距离，一般为 800～1000m，在地形起伏的地区还应适当减少。合理的服务半径是影响居住区用地规模的重要因素。

（2）城市道路交通方面的影响

现代城市交通的发展要求城市干道之间要有合理的间距，以保证城市交通的安全、快速和畅通。因而为城市干道所包围的用地往往是决定居住区用地规模的一个重要条件。城市干道的合理间距一般应在 600～1000m 之间，城市干道间用地一般在 36～100 公顷左右。

（3）居民行政管理体制方面的影响

居住区的规模与居民行政管理体制相适应或相结合，这是影响居住区规模的另一个因素。居住区的规划建设不只是为了解决居住的物质需要，还要满足居民的社会生活的需要和社区组织管理的需要。城市居住区一般由城市街道办事处进行居民管理，而街道办事处管辖的人口一般以 5 万人为宜，少则上万人左右。

此外，自然地形条件和城市的规模等因素对居住区的规模也有一定的影响。

综合以上分析，居住区作为城市的一个有机组成部分，应有其合理的规模。这个合理的规模应符合功能、技术经济和管理等方面的要求，人口一般以 3～5 万人为宜，其用地规模应在 50～100 公顷左右。

（三）居住区的规划结构

居住区的规划结构是根据居住区的功能要求综合地解决住宅与公共服务设施、道路、绿地等相互关系而采取的组织方式。规划结构有各种组织形式，基本的形式有：

1. 以居住小区为规划基本单位来组织居住区

居住小区是由城市道路或城市道路和自然界线（如河流）划分的、具有一定规模并不为城市交通干道所穿越的完整地段。区内设有一整套满足居民日常生活需要的基层公共服务设施和机构。以居住小区为规划基本单位来组织居住区，不仅能保证居民生活的方便、安全和区内的安静，而且还有利于城市道路的分工和交通的组织，并减少城市道路密度。

居住小区的规模主要根据基层公共建筑成套配置的经济合理性、居民使用的安全和方便、城市道路交通以及自然地形条件、住宅层数和人口密度等综合考虑。具体地说，居住小区的规模一般以一个小学的最小规模为其人口规模的下限，而小区公共服务设施的最大服务半径为其用地规模的上限。根据我国各地的调查，通常，居住小区的人口规模为7000~15000人，用地为12~30公顷。

2. 以居住组团为基本单位组织居住区

这种组织方式不划分明确的小区用地范围，居住区直接由若干居住组团组成，也可以说是一种扩大小区的形式。

其规划结构的方式为居住区—居住组团。居住组团相当于一个居民委员会的规模，一般为300~800户，1000~3000人。居住组团内一般应设有居委会办公室、卫生站、青少年校外活动站、老年退休工人活动室、服务站、小商店（或代销店）、托儿所、儿童或成年人活动休息场地、小块绿地等。这些项目和内容基本为本居委会居民服务。其他的一些基层公共建筑则根据不同的特点按服务半径在居住范围内统一考虑，均衡灵活布置。

3. 以居住组团和居住小区为基本单位来组织居住区

规划结构方式为居住区—居住小区—居住组团。居住区由若干个居住小区组成，每个小区由2~3个居住组团组成。

居住区的规划结构形式不是一成不变的，随着人民生活水平的提高，社会生活组织和生活方式的变化，公共服务设施的不断完善和发展，居住区的规划结构方式也会相应地变化。

（四）住宅及其用地的规划布置

住宅及其用地的规划布置是居住区规划设计的主要内容。住宅及其用地不仅量多面广（住宅的面积约占整个居住区总建筑面积的80%以上，用地则占居住区总用地面积的50%左右），而且在体现城市面貌方面起着重要的作用。因此，在进行规划布置前，首先要合理地选择和确定住宅的类型。

住宅选型是一个很重要的环节，为了合理的选择住宅类型，必须从城市规划的角度来研究和分析住宅的类型及其特点、住宅的建筑经济和用地经济的关系等问题。

1. 住宅的类型及其特点

住宅按使用对象的不同基本可分为两大类：第一类是供以家庭为居住单位的建筑，一般称为住宅；另一类是供单身居住的建筑，如学校的学生、工矿企业的单身职工等居住的建筑，一般称为单身宿舍或宿舍。

第一类以户为基本组成单位的住宅主要有以下几种类型（表3-4）。

住宅类型（以户为基本组成单位）　　　　　　　　　　　表3-4

编号	住宅类型	用　地　特　点
1	独院式	每户一般都有独用院落，层数1~3层
2	并联式	
3	梯间式	一般都用于多层和高层，是多层和高层住宅建设中最常见的形式，用地比较经济
4	内廊式	
5	外廊式	

续表

编号	住宅类型	用　地　特　点
6	内天井式	是第3、4类住宅的变化形式，由于增加了内天井，住宅进深加大，对节约用地有利，一般多见于较低的多层住宅
7	点　式	是第3类住宅独立式单元的变化形式，适用于多层和高层住宅。由于体形短而活泼，进深大，故具有布置灵活和能丰富群体空间组合的特点，也有利于节约建设用地
8	跃廊式	是第4、5类住宅的变化形式，一般适用于高层住宅

注：低层住宅指1～3层的住宅；多层指4层及4层以上至可以不设电梯的层数（一般以6层为限）；而高层住宅为7层及7层以上需设电梯的住宅。

2. 住宅建筑经济和用地经济的关系

住宅建筑经济直接影响用地的经济，而用地的经济往往又影响对住宅建筑经济的综合评价。分析住宅建筑经济的主要依据是每平方米建筑面积造价、平面利用系数等指标。而用地经济的主要依据则为每公顷居住面积密度。下面就住宅建筑经济和用地经济比较密切相关的几个因素分别加以分析。

住宅层数：就住宅建筑本身而言，低层住宅一般比多层造价经济，而多层又比高层经济。但低层占地大，如平房与5层楼房相比要大3倍左右。对于多层住宅，提高层数能降低住宅建筑的造价。

进深：住宅进深加大，外墙相应缩短，对于采暖地区外墙需要加厚的情况下经济效果更好。至于与节约用地的关系，一般认为，住宅进深在11m以下时，每增加1m，每公顷可增加建筑面积1000m² 左右；在11m以上时，效果相应减少。

长度：住宅长度在30～60m时，每增长10m，每公顷可增加建筑面积700～1000m² 左右。在60m以上时效果不显著。住宅长度也直接影响建筑造价，因为住宅单元拼接越长，山墙也就越省。根据分析，四单元长住宅比二单元长住宅每平方米居住面积造价省2.5%～3%，采暖费省10%～21%。但住宅长度不宜过长，过长就需要增加伸缩缝和防火墙等，且对通风和抗震也不利。

层高：住宅层高的合理确定不仅影响建筑造价，也直接和节约用地有关。据计算，层高每降低10cm，能降低造价1%，节约用地2%。但层高不应降得过低。

平面系数（K）：在住宅建筑面积相同的情况下，提高K值能增加居住面积，K值每提高1%时，如果建筑面积单方造价不变，以居住面积平均计算，投资可减少1.4%。

3. 合理选择住宅类型

合理地选择住宅的类型一般应考虑以下几个方面：

户室比：应满足不同人口组成的家庭对住宅的需要，也就是要满足户室比的要求。户室比的确定，在新建地区主要参照当地的人口结构。在改建区，要考虑改建地区拆迁户人口的组成来确定适当的户室比。

户室比的平衡一般有两种方法。一是选用多种户型的住宅，户室比在一个单元或一幢住宅内进行平衡；二是选用单一户型住宅，在几幢住宅或更大范围内进行平衡。一般来讲，在小范围内平衡时，可采用多种户型住宅，而当成片大量建造或在较大范围内进行平衡时，可采用多种户型住宅，也可采用单一户型住宅。

住宅建筑层数的确定要综合考虑用地的经济、建筑造价、施工条件、建筑材料的供应、市政工程设施、居民生活水平、居住方便的程度等因素。根据我国目前的条件，大中城市一般以5~6层为主，小城市以4~5层为主，在用地紧张的地方可适当建造一些高层住宅。

我国幅员广大，全国自然气候条件相差甚大。例如南方地区，气候比较炎热，在选择住宅时，首先应考虑满足居室有良好的朝向和获得较好的自然通风；而在北方地区，气候严寒，主要矛盾是冬季防寒，防风雪。居民的生活习惯也必须充分考虑，如有的居民喜欢南廊，而有的则相反；又如在北方有的地区居民用火炕采暖等。

住宅建筑用地的经济性已在前面有所分析，这里不再重复。除此以外，还可利用住宅单元在开间上的变化达到户型的多样化和适应基地的各种不同情况。

（五）公共建筑及其用地的规划布置

公共建筑是居住区规划设计的一个重要组成内容，它不仅与居民的生活密切相关，而且在体现居住区的面貌方面也起着很重要的作用。

1. 公共建筑的分类

居住区的公共建筑主要是满足居民基本的物质和精神生活方面的需要，并主要为本居住区的居民所使用。居住区内的公共建筑一般根据公共建筑的使用性质和居民对公共建筑使用的频繁程度来进行分类。

按公共建筑的使用性质可分为八类，分别是教育系统、医疗卫生系统、商业、服务业系统、文娱体育系统、金融邮电系统、行政管理系统、市政公用系统。

按居民对公共建筑的使用频繁程度可分为居民每日或经常使用的公共建筑（如菜场、超级市场）和居民必要的非经常使用的公共建筑。

居住区公共建筑的内容与项目的设置不是固定不变的，它取决于居民的生活水平、各地的生活习惯、居住区周围的公共服务设施的完善程度以及人们社会生活组织的变化等因素。

2. 公共建筑定额指标的制定和计算方法

公共建筑定额指标包括建筑面积和用地面积两项。公共建筑定额指标的计算方法一般有两种。

以每千居民为计算单位，故称千人指标。千人指标是根据建筑不同性质而采用不同的定额单位来计算建筑面积和用地面积，例如幼托、中小学等以每千人多少座位来计算，而医院则以床位、门诊所按就诊人次、商店与行政经济机构等以工作人员为定额单位来计算。

民用建筑综合指标。民用建筑综合指标包括家属宿舍、单身宿舍和公共建筑三大内容，它是按厂矿企业每职工多少平方米进行计算的。公共建筑的内容一般只包括居民日常生活最必须的一些项目。

3. 公共建筑的规划布置

公共建筑的规划布置应按照分级（主要根据居民对公共建筑使用的频繁程度）、对口（指人口规模）、配套（成套配置）和集中与分散相结合的原则进行，一般与居住区的规划结构相适应。居住区公共建筑按二级或三级布置，分别为居住区级、小区级和组团级，第二级和第三级的公共服务设施都是居民日常必需的。规划布置的基本要求如下：

（1）为便于居民使用，各级公共建筑应有合理的服务半径，一般为居住区级800~1000m，居住小区级400~500m，居住组团级150~200m。

（2）应设在交通比较方便、人流比较集中的地段，要考虑居民上下班的走向。

（3）如为独立的工矿居住区或地处市郊的居住区，则应在考虑附近地区和农村使用方便的同时，要保持居住区内部的安宁。

（4）各级公共服务中心宜与相应的公共绿地相邻布置，或靠近河湖水面等一些能较好体现城市建筑面貌的地段。

（六）居住区道路的规划布置

1. 道路功能要求

居住区道路的规划布置应考虑如下的功能要求：

（1）满足居民日常的交通活动需要。居住区内部交通以步行和自行车交通为主，但随着小汽车的普及，小汽车交通将会对居住区内部交通带来较大的冲击。在一些规模较大的居住区内，还要通行公共汽车。

（2）通行清除垃圾、粪便、递送邮件等市政公用车辆。

（3）居住区内公共服务设施和工厂之间货运车辆通行。

（4）满足铺设各种工程管线的需要。

（5）道路的走向和线型的是组织居住区内建筑群体景观的重要手段，也是居民交往的重要场所。

（6）除了以上一些日常的功能要求外，还要考虑一些特殊需要，如供救护、消防和搬运家具等车辆的通行。

2. 道路分级

根据功能要求和居住区规模的大小，居住区道路一般可分为三级或四级。

居住区级道路，是解决居住区的内外联系，红线宽度一般为 20 ~ 30m。车行道宽度不应小于 9m，如需通行公共交通，车行道宽度应增至 10 ~ 14m。

居住小区级道路，是居住区的次要道路，用以解决居住区内部的联系，道路红线宽度一般为 10 ~ 14m。车行道宽度一般为 6 ~ 8m。

居住组团级道路，是居住区内的支路，用以解决住宅组群的内外联系，车行道宽度一般为 4 ~ 6m。

宅前小路，通向各户或各单元门前的小路，一般宽度为 3m。

此外，在居住区内还可能有专供步行的林荫步道，其宽度根据步行交通和景观组织的需要确定。

3. 居住区道路规划布置的基本要求

（1）居住区内部道路主要为本居住区服务。居住区道路系统应根据功能要求进行分级。为了保证居住区内居民的安全和安宁，不应有过境交通穿越居住区，特别是居住小区。同时，不宜有过多的车道出口通向城市交通干道。出口间距应不小于 150m，也可用平行于城市交通干道的地方性通道来解决居住区通向城市交通干道出口过多的矛盾。

（2）道路走向要便于居民上下班。住宅与最近的公共交通站之间的距离不宜大于 500m。

（3）应充分利用和结合地形，如尽可能结合自然分水线和汇水线，以利雨水排除。在南方水网地区，道路宜与河流平行或垂直布置，以减少桥梁和涵洞的投资。在丘陵地区则应注意减少土石方工程量，以节约投资。

（4）在进行旧居住区改建时，应充分利用原有道路和工程设施。

（5）车行道一般应通至住宅每单元的入口处。建筑物外墙面与人行道边缘的距离应不小于 1.5m，与车行道边缘的距离不小于 3m。

（6）尽端式道路长度不宜超过 120m，在端头处应能便于回车，回车场地不小于 12m×12m。

（7）如车道宽度为单车道时，则每隔 150m 左右应设置车辆会让处。

（8）道路宽度应考虑工程管线的合理敷设。

（9）道路的线型、断面等应与整个居住区规划结构和建筑群体的布置有机地结合。

（10）应为残疾人设置无障碍通道。

4. 居住区道路系统的组织形式

居住区道路系统的组织形式与居住区内外动、静态交通的组织密切相关，与居民的出行方式和采用的交通工具密切相关。居住区道路系统的组织既要考虑居住区内外动、静态交通的组织，同时还要综合考虑地形条件、现状建设条件、景观要求和规划结构的因素。

居住区道路系统的组织形式有：人车分行的道路系统，人车混行道路系统和人车部分分行道路系统。

（1）人车分行的道路系统。这种形式是由车行和步行两套独立的道路系统组成的，能较好地解决小汽车和行人的矛盾，适用于小汽车普及的国家和地区。

（2）人车混行的道路系统。这种形式是车行和步行在同一断面上混行，不做分隔。是居住区常见的道路系统形式，适用于小汽车不是十分普及的国家和地区。

（3）人车部分分行道路系统。这种形式是上述两种道路系统形式的结合，在居住区级和居住小区级道路上人、车混行，在居住组团内则实现人、车分行。既节约了道路用地空间，又保障了组团内居民的交通安全。近年来，这种道路系统组织形式越来越多地被采用。

（七）居住区绿地的规划布置

居住区绿地是城市绿地系统的重要组成部分，量大面广，与居民的日常生活密切相关。居住区绿地的建设将会对改善居民生活环境和城市生态环境，提高居住区景观质量发挥重要的作用。

1. 居住区绿地系统的组成

（1）公共绿地，居住区内居民公共使用的绿化用地，如居住区公园、居住小区公园、林荫道、居住组团的小块公用绿地等；

（2）公共建筑和公用设施专用绿地，指居住区内的学校、幼托机构、医院、门诊所、锅炉房等用地的绿化；

（3）宅旁和庭院绿地，指住宅四旁绿地；

（4）街道绿地，指居住区内各种道路的行道树等绿地。

2. 居住区绿地标准

居住区绿地的规划标准可按每居民平均占有多少平方米绿地面积和整个居住区用地的绿地率两种指标来衡量。

城市居住区人均公共绿地的下限指标为：住宅组团不低于 $0.5m^2$，居住小区（含组团）不低于 $1.0m^2$，居住区（含小区和组团）不低于 $1.5m^2$。

居住区规划绿地率下限为：新区建设不低于 30%，旧区改建不低于 25%。

3. 居住区绿地的规划布置原则

（1）根据居住区的功能组织和居民对绿地的使用要求采取集中与分散，重点与一般，点、线、面相结合的原则，以形成完整统一的居住区绿地系统，并与城市绿地系统相协调。

（2）尽可能利用劣地、坡地、洼地进行绿化，以节约用地。对原有的绿化、河湖水面等自然条件要充分利用。

（3）应注意美化居住环境的要求。

（4）在植物配置和种植方式上力求经济实用，便于养护和管理。

第六节　城市工程系统

供电、燃气、供热、通信、给水、排水、防灾、环境卫生设施等各项城市工程系统构成了城市基础设施体系，为城市提供最基本的必不可少的物质运营条件。建设配署齐全、布局合理、容量充足的城市基础设施，是完善城市功能的必需手段。城市功能的完善和强化必须具有强大的基础设施支撑。

一、城市工程系统的构成与功能

供电、燃气、供热、通信、给水、排水、防灾、环境卫生设施等各项工程系统有其各自的特性、不同的构成形式与功能，在保障、维护城市经济社会活动中，发挥着各自相应的作用。

（一）城市供电工程系统构成与功能

城市供电工程系统由城市电源工程和输配电网络组成。

1. 城市电源工程

城市电源工程主要有城市电厂和区域变电所（站）等电源设施。城市电厂是专为本城市服务的。区域变电所（站）是区域电网上供给城市电源所接入的变电所（站）。区域变电所（站）通常是大于等于110kV电压的高压变电所（站）或超高压变电所（站）。城市电源工程具有自身发电或从区域电网上获取电源，为城市提供电源的功能。

2. 城市输配电网络工程

城市输配电网络工程由输送电网与配电网组成。城市输送电网含有城市变电所（站）和从城市电厂、区域变电所（站）接入的输送电线路等设施。城市变电所通常为大于10kV电压的变电所。城市输送电线路以架空线为主，重点地段等用直埋电缆、管道电缆等敷设形式。输送电网具有将城市电源输入城区，并将电源变压进入城市配电网的功能。

城市配电网由高压和低压配电网等组成。高压配电网电压等级为1~10kV，含有变配电所（站）、开关站、1~10kV高压配电线路。高压配电网具有为低压配电网变、配电源，以及直接为高压电用户送电等功能。高压配电线通常采用直埋电缆、管道电缆等敷设方式。低压配电网电压等级为220V~1kV，含低压配电所、开关站、低压电力线路等设施，具有直接为用户供电的功能。

（二）城市燃气工程系统构成与功能

城市燃气工程系统由燃气气源工程、储气工程、输配气管网工程等组成。

1. 城市燃气气源工程

城市燃气气源工程包含煤气厂、天然气门站，石油液化气气化站等设施。煤气厂主要有炼焦煤气厂、直立炉煤气厂、水煤气厂、油制气煤气厂等类型。天然气门站收集当地或远距离输送来的天然气。在目前无天然气、煤气厂的城市，石油液化气气化站用作管道燃气的气源。气源工程具有为城市提供可靠的燃气气源的功能。

2. 燃气储气工程

燃气储气工程包括各种管道燃气的储气站、石油液化气的储气站等设施。储气站储存煤气厂生产的燃气或输送来的天然气，满足城市日常和高峰小时的用气需要。石油液化气储气站具有满足液化气气化站用气需求和城市石油液化气供应站的需求等功能。

3. 燃气输配气管网工程

燃气输配气管网工程包含燃气调压站、不同压力等级的燃气输送管网、配气管道。一般情况下，燃气输送管网采用中、高压管道，配气管为低压管道。燃气输送管网具有中、长距离输送燃气的功能，不直接供给用户使用。配气管则具有直接供给用户使用燃气的功能。燃气调压站具有升降管道燃气压力之功能，以便于燃气输送，或由高压燃气降至低压，向用户供气。

（三）城市供热系统构成与功能

城市供热工程系统由供热热源工程和传热管网工程组成。

1. 供热热源工程

供热热源工程包含城市热电厂（站）、区域锅炉房等设施。城市热电厂（站）是以城市供热为主要功能的火力发电厂（站），供给高压蒸汽、采暖热水等。区域锅炉房是城市地区性集中供热的锅炉房，主要用于城市取暖，或提供近距离的高压蒸汽。

2. 供热管网工程

供热管网工程包括热力泵站、热力调压站和不同压力等级的蒸汽管道、热水管道等设施。热力泵站主要用于远距离输送蒸汽和热水。热力调压站调节蒸汽管道的压力。

（四）城市通信工程系统构成与功能

城市通信工程系统由邮政、电信、广播、电视四个分系统组成。

1. 城市邮政系统

城市邮政系统通常有邮政局所、邮政通信枢纽、报刊门市部、邮亭等设施。邮政局所经营邮件传递、报刊发行、电报及邮政储蓄等业务。邮政通信枢纽起收发、分拣各种邮件之作用。邮政系统具有快速、安全传递城市各类邮件、报刊及电报等功能。

2. 城市电信系统

城市电信系统从通信方式上分为有线电通信和无线电通信两部分。无线电通信有微波通信、移动电话、无线寻呼等。电信系统由电信局（所、站）工程和电信网络工程组成。

电信局（所、站）工程有长途电话局、市话局（含各级交换中心、汇接局、端局等）、微波站、移动电话基站、无线寻呼台以及无线电收发台等设施。电信局（所、站）具有各种电信信号的收发、交换、中继等功能。

电信网络工程包括电信光缆、电信电缆、光接点、电话接线箱等设施，具有传送电信信息流的功能。

3. 城市广播系统

城市广播系统，有无线电广播和有线广播等两种方式。广播系统包含广播台站工程和广播线路工程。广播台站工程有无线广播电台、有线广播电台、广播节目制作中心等设施。广播线路工程主要有有线广播的光缆、电缆、以及光电缆管道等。广播台站工程的功能是制作播放广播节目。广播线路工程的功能是传递广播信息给听众。

4. 城市电视系统

城市电视系统有无线电视和有线电视（含闭路电视）两种方式。城市电视系统由电视台（站）工程和线路工程组成。电视台（站）工程有无线电视台、电视节目制作中心、电视转播台、电视差转台以及有线电视台等设施。线路工程主要是有线电视及闭路电视的光缆、电缆管道、光接点等设施。电视台站工程的功能是制作、发射电视节目内容，以及转播上级与其他电视台的电视节目。电视线路工程的功能是将有线电视台（站）的电视信号传送给观众端的电视接收器。

一般情况下，城市有线电视台往往与无线电视台设置在一起，以便经济、高效地利用电视制作资源。

有些城市将广播电台、电视台和节目制作中心设置在一起，建成广播电视中心，共同制作节目内容，共享信息系统。

（五）城市给水工程系统构成与功能

城市给水工程系统由城市取水工程、净水工程、输配水工程等组成。

1. 城市取水工程

城市取水工程包括城市水源（含地表水、地下水）、取水口、取水构筑物、提升原水的一级泵站以及输送原水到净水工程的输水管等设施，还应包括在特殊情况下为蓄、引城市水源所筑的水闸、堤坝等。取水工程的功能是将原水取、送到城市净水工程，为城市提供足够的水源。

2. 净水工程

净水工程包括城市自来水厂、清水库、输送净水的二级泵站等设施。净水工程的功能是将原水净化处理成符合城市用水水质标准的净水，并加压输入城市供水管网。

3. 输配水工程

输配水工程包括从净水工程输入城市供配水管网的输水管道、供配水管网以及调节水量、水压的高压水池、水塔、清水增压泵站等设施。输配水工程的功能是将净水保质、保量、稳压地输送至用户。

（六）城市排水工程系统的构成与功能

城市排水工程系统由雨水排放工程、污水处理与排放工程组成。

1. 城市雨水排放工程

城市雨水排放工程有雨水管渠、雨水收集口、雨水检查井、雨水提升泵站、排涝泵站、雨水排放口等设施，还应包括为确保城市雨水排放所建的闸、堤坝等设施。城市雨水排放工程的功能是及时收集与排放城区雨水等降水，抗御洪水和潮汛侵袭，避免和迅速排除城区渍水。

2. 城市污水处理与排放工程

城市污水处理与排放工程包括污水处理厂（站）、污水管道、污水检查井、污水提升泵站、污水排放口等设施。污水处理与排放工程的功能是收集与处理城市各种生活污水、生产废水，综合利用、妥善排放处理后的污水，控制与治理城市水污染，保护城市与区域的水环境。

（七）城市防灾工程系统的构成与功能

城市防灾工程系统主要由城市消防工程、防洪（潮、汛）工程、抗震工程、人防工程及救灾生命线系统等组成。

1. 城市消防工程系统

城市消防工程系统有消防站（队）、消防给水管网、消火栓等设施。消防工程系统的功能是日常防范火灾、及时发现与迅速扑灭各种火灾，避免或减少火灾损失。

2. 城市防洪（潮、汛）工程系统

城市防洪（潮、汛）工程系统有防洪（潮、汛）堤、截洪沟、泄洪沟、分洪闸、防洪闸、排涝泵站等设施。城市防洪工程系统的功能是采用避、拦、堵、截、导等各种方法，抗御洪水和潮汛的侵袭，排除城区涝渍，保护城市安全。

3. 城市抗震工程系统

城市抗震系统主要在于加强建筑物、构筑物等抗震强度、合理布置避灾疏散场地和通道。

4. 城市人防工程系统（简称人防工程系统）

城市人防工程系统由人防指挥中心、专业防空设施、防空掩体工事、地下建筑、地下通道以及战时所需的地下仓库、水厂、变电站、医院等设施。平战结合，合理利用地下空间。地下商场、娱乐设施、地铁等均可属人防工程设施范畴。有关人防工程设施在确保其安全要求的前提下，尽可能为城市日常活动使用。城市人防工程系统的功能是提供战时市民防御空袭、核战争的安全空间和物资能源供应。

5. 城市救灾生命线系统

城市救灾生命线系统由城市急救中心、疏运通道以及给水、供电、通讯等设施组成。城市救灾生命线系统的功能是在发生各种城市灾害时，提供医疗救护、运输以及供水、电、通讯调度等物质条件。

（八）城市环境卫生工程系统的构成与功能

城市环境卫生工程系统有城市垃圾处理厂（场）、垃圾填埋场、垃圾收集站、转运站、车辆清洗场、环卫车辆场、公共厕所以及城市环境卫生管理设施。城市环境卫生工程系统的功能是收集与处理城市各种废弃物，综合利用，清洁市容，净化城市环境。

二、城市工程系统规划的任务

城市工程系统规划的任务是根据城市经济社会发展目标，结合本城市实际情况，合理确定规划期内各项工程系统的设施规模、容量，布局各项设施，制定相应的建设策略和措施。各项城市工程系统规划在城市经济社会发展总目标的前提下，根据本系统的现状特性和发展趋势，明确各自的规划任务。

（一）城市供电工程系统规划的主要任务

结合城市和区域电力资源状况，合理确定规划期内的城市用电量，用电负荷，进行城市电源规划；确定城市输、配电设施的规模、容量以及电压等级；布置变电所（站）等变电设施和输配电网络；制定各类供电设施和电力线路的保护措施。

（二）城市燃气工程规划的主要任务

结合城市和区域燃料资源状况，选择城市燃气气源，合理确定规划期内各种燃气的用量，进行城市燃气气源规划；确定各种供气设施的规模、容量；选择确定城市燃气管网系统；科学布置气源厂、气化站等产、供气设施和输配气管网；制定燃气设施和管道的保护措施。

（三）城市供热工程系统规划的主要任务

根据当地气候、生活与生产需求，确定城市集中供热对象，供热标准，供热方式；确定城市供热量和负荷选择并进行城市热源规划，确定城市热电厂、热力站等供热设施的数量和容量；布置各种供热设施和供热管网；制定节能保温的对策与措施，以及供热设施的防护措施。

（四）城市通信工程系统规划的主要任务

结合城市通信实况和发展趋势，确定规划期内城市通信发展目标，预测通信需求；确定邮政、电信、广播、电视等各种通信设施和通信线路；制定通信设施综合利用对策与措施，以及通信设施的保护措施。

（五）城市给水工程系统规划的主要任务

根据城市和区域水资源的状况，最大限度地保护和合理利用水资源，合理选择水源，进行城市水源规划和水资源利用平衡工作；确定城市自来水厂等给水设施的规模、容量；布置给水设施和各级供水管网系统，满足用户对水质、水量、水压等要求，制定水源和水资源的保护措施。

（六）城市排水工程系统规划的主要任务

根据城市自然环境和用水状况，确定规划期内污水处理设施的规模与容量，降水排放设施的规模与容量；布置污水处理厂（站）等各种污水处理与收集设施、排涝泵站等雨水排放设施以及各级污水管网；制定水环境保护、污水利用等对策及措施。

（七）城市防灾工程系统规划的主要任务

根据城市自然环境、灾害区划和城市地位，确定城市各项防灾标准，合理确定各项防灾设施的等级、规模；科学布局各项防灾设施；充分考虑防灾设施与城市常用设施的有机结合，制定防灾设施的统筹建设、综合利用、防护管理对策与措施。

（八）城市环境卫生设施系统规划的主要任务

根据城市发展目标和城市布局，确定城市环境卫生设施配置标准和垃圾集运、处理方式；确定主要环境卫生设施的数量、规模；布置垃圾处理场等各种环境卫生设施，制定环境卫生设施的隔离与防护措施；提出垃圾回收利用的对策与措施。

（九）城市工程管线综合规划的主要任务

根据城市规划布局和各项城市工程系统规划，检验各专业工程管线分布的合理程度，提出对专业工程管线规划的修正建议，调整并确定各种工程管线在城市道路上水平排列位置和竖向标高，确认或调整城市道路横断面，提出各种工程管线基本埋深和覆土要求。

三、城市工程系统规划各层面的主要内容

（一）城市工程系统总体规划

城市工程系统总体规划是与城市总体规划相匹配的规划层面，所需解决的问题包括：

1. 从城市各工程系统的现状基础、资源条件和发展趋势等方面分析和论证城市经济社会目标的可行性，城市总体规划布局的可行性和合理性。从本工程系统提出对城市发展目标和总体布局的调整意见和建议。

2. 根据确定的城市目标、总体布局以及本系统上级主管部门的发展规划，确立本系统的发展目标，合理布局本系统的重大关键性设施和网络系统，制订本系统主要的技术政策、规定和实施措施。

城市工程系统总体规划阶段基于工程系统现状的调查研究，依据拟定的城市工程系统规划建设目标、各工程系统的区域发展规划或计划，以及城市规划总体布局，进行各工程系统总体规划的各项工作：预测各工程系统的规划期限的负荷，布置各工程系统关键性主要设施和网络系统，提出各工程系统的技术政策措施，以及有关关键性设施的保护措施等。在各工程系统总体布局基本确定后，进行各工程系统的技术政策措施。在各工程系统总体布局基本确定后，进行各工程系统的工程管线综合总体规划。检验和协调各工程系统主要设施和主要工程管线的分布，由此，反馈、调整有关工程系统规划布局。然后，各工程系统将本系统总体规划布局反馈给城市规划总体布局的同时，提出所发现的与城市规划总体布局的矛盾，提出协调解决问题的建议，从而进一步协调和完善城市规划总体布局。此外，通过城市各工程系统总体规划，落实区域工程系统发展规划的布局，同时，反馈所发现的城市工程系统与区域工程系统发展规划布局之间的矛盾，协调解决问题，完善区域工程系统规划布局。

（二）城市工程系统详细规划

城市工程系统详细规划是与城市详细规划相匹配的层面，所需解决的主要问题包括：

（1）根据城市工程系统总体规划，结合详细规划范围内的各种现状情况，对城市详细规划的布局提出完善或调整意见。

（2）依据城市工程系统总体规划及城市详细规划布局，具体布置规划区内所有的室外工程设施和工程管线，估算城市各工程系统的投资规模，提出相应的工程建设技术和实施措施。

城市工程系统详细规划阶段，首先对详细规划范围内的现状工程设施、管线进行调查、核实。依据城市详细规划布局、工程系统总体和分区规划所确定的技术标准和工程设施、管线布局，计算本范围工程设施的负荷（需求量），布置工程设施和工程管线，提出有关设施、管线布置和敷设方式，以及防护规定。在基本确定工程设施和工程管线布置后，进行详细规划范围内的工程管线综合规划，检验和协调各工程管线的布置。若发现矛盾，及时反馈与各工程管线规划人员，调整有关工程管线布置。

四、城市工程管线综合规划

（一）城市工程管线种类与特点

城市工程管线种类多而复杂，根据不同性能和用途、不同输送方式，敷设方式、弯曲程度等有不同的分类。

1. 按工程管线性能和用途分类

（1）给水管道：包括工业给水、生活给水、消防给水等管道；

（2）排水沟管：包括工业污水（废水）、生活污水、雨水等管道和明沟；

（3）电力线路：包括高压输电、高低压配电、生产用电、电车用电等线路；

（4）电信线路：包括市内电话、长途电话、电报、有线广播、有线电视等线路；

（5）热力管道：包括蒸汽、热水等管道；

（6）燃气管道：包括煤气、天然气、石油液化气等管道；

（7）城市垃圾输送管道；

（8）工业生产专用管道。

2. 按工程管线输送方式分类

（1）压力管线：指管道内液体介质由外部施加力，使其流动的工程管线，通过一定的加压设备将液体介质由管道系统输送给终端用户。给水、煤气、灰渣管道系为压力输送。

（2）重力自流管线：指管道内流动着的介质由重力作用沿设置的方向流动的工程管线。这类管线有时还需要中途提升设备将液体介质引向终端。污水、雨水管道为重力自流输送。

3. 按工程管线敷设方式分类

（1）架空线：指通过地面支撑设施在空中布线的工程管线，如架空电力线、架空电话线等。

（2）地铺管线：指在地面铺设明沟或盖板明沟的工程管线，如雨水沟渠、地面各种轨道等。

（3）地埋管线：指在地面以下有一定覆土深度的工程管线，根据覆土深度不同，地下管线可分为深埋和浅埋两类。划分深埋和浅埋主要决定于：有水的管道和含有水分的管道在寒冷的情况下是否怕冰冻。所谓深埋，是指管道的覆土深度大于 1.5m，如我国北方的土壤冰冻线较深，给水、排水、煤气（煤气有湿煤气和干煤气，这里指的是含有水分的湿煤气）等管道属于深埋一类；热力管道、电信管道、电力电缆等不受冰冻的影响，可埋设较浅，属于浅埋一类。由于土壤冰冻深度随着各地的气候不同而变化，如我国在南方冬季土壤不冰冻，或者冰冻深度只有十几厘米，给水管道的最小覆土深度就可小于 1.5m。因此，深埋和浅埋不能作为地下管线的固定的分类方法。

工程管线的分类方法很多，通常根据工程管线的不同用途和性能来划分。各种分类方法反映了管线的特性，是进行工程管线综合时的管线避让的依据之一。

（二）城市工程管线综合规划的原则要求

（1）规划中各种管线的位置都要采用统一的城市坐标系统及标高系统，厂内的管线也可以采用自定的坐标系统，但厂界、管线进出口则应与城市管线的坐标一致。如存在几个坐标系统和标高系统，必须加以换算，取得统一。

（2）管线综合布置应与总平面布置、竖向设计和绿化布置统一进行，应使管线之间，管线与建（构）筑物之间在平面及竖向上相互协调，紧凑合理，有利改善市容。

（3）管线敷设方式应根据管线内介质的性质、地形、生产安全、交通运输、施工检修等因素，经技术经济比较后择优确定。

（4）管道内的介质具有毒性、可燃、易燃、易爆性质时，严禁穿越与其无关的建筑物、构筑物、生产装置及贮罐区等。

（5）管线带的布置应与道路或建筑红线平行。同一管线不宜自道路一侧转到另一侧。

（6）必须在满足生产、安全、检修的条件下节约用地。当技术经济比较合理时，应共架、共沟布置。

（7）应减少管线与铁路或道路及其他干管的交叉。当管线与铁路或道路交叉时应为正交，在困难情况下，其交叉角不宜小于45°。

（8）在山区，管线敷设应充分利用地形，并避免山洪、泥石流及其他不良地质的危害。

（9）当规划区分期建设时，管线布置应全面规划，近期集中，近、远期结合。近期管线穿越远期用地时，不应影响远期用地的使用。

（10）管线综合布置时，干管应布置在用户较多的一侧或将管线分类布置在道路两侧。

（11）综合布置地下管线产生矛盾时，应按下列避让原则处理：（a）压力管让自流管；（b）管径小的让管径大的；（c）易弯曲的让不易弯曲的；（d）临时性的让永久性的；（e）工程量小的让工程量大的；（f）新建的让现有的；（g）检修次数少的和方便的，让检修次数多的和不方便的。

（12）充分利用现状管线。改建、扩建工程中的管线综合布置，不应妨碍现有管线的正常使用。当管线间距不能满足规范规定时，在采取有效措施后，可适当减小。

（13）工程管线与建筑物、构筑物之间以及工程管线之间水平距离应符合有关规范的规定。当受道路宽度、断面以及现状工程管线位置等因素限制难以满足要求时，可重新调整规划道路断面或宽度；在同一条城市干道上敷设同一类别管线较多时，宜采用专项管沟敷设；规划建设某些类别管线统一敷设的综合管沟等。

在交通运输十分繁忙和管线设施繁多的快车道、主干道以及配合兴建地下铁道、立体交叉道等工程地段，不允许随时挖掘路面的地段及广场或交叉口处。道路下需同时敷设两种以上管道以及某些特殊建筑物下，应将工程管线采用综合管沟集中敷设。

（14）管线共沟敷设应符合下列规定：（a）热力管不应与电力、通信电缆和压力管道共沟；（b）排水管道应布置在沟底，当沟内有腐蚀性介质管道时，排水管道应位于其上面；（c）腐蚀性介质管道的标高应低于沟内其他管线；（d）火灾危险性属于甲、乙、丙类的液体、液化石油气、可燃气体、毒性气体和液体以及腐蚀性介质管道，不应共沟敷设，并严禁与消防水管共沟敷设；（e）凡有可能产生互相影响的管线，不应共沟敷设。

（15）敷设主管道干线的综合管沟应在车行道下。其覆土深度必须根据道路施工和行车荷载的要求、综合管沟的结构强度、当地的冰冻深度等确定。敷设支管的综合管沟应在人行道下，其埋设深度可较浅。

（16）电信线路与供电线路通常不合杆架设；在特殊情况下，征得有关部门同意，采取相应措施后，可合杆架设。同一性质的线路应尽可能合杆，如高低压供电线等。高压输电线路与电信线路平行架设时，要考虑干扰的影响。

（17）综合布置管线时，管线之间或管线与建筑物、构筑物之间的水平距离，除了要符合技术、卫生、安全等要求外，还须符合国防的有关规定。

第七节　城市生态环境保护与建设

一、城市环境概述

21世纪，人类将有一半以上的人口居住在城市，在新的世纪里，人们将更加追求具有良好的生态环境质量的城市。

（一）城市环境的概念及构成

城市环境是指影响城市人类生存和发展的各种条件的总和。狭义的城市环境主要指城市物理环境，包括地形、地质、土壤、水文、气候、植被、动物、微生物等自然环境，房屋、道路、基础设施、废气、废水、废渣、噪声等人工环境。广义的城市环境除了物理环境外，还包括人口分布及社会生活服务设施等社会环境，资源、就业、收入水平等经济环境以及风景、风貌、建筑特色和文物古迹等美学环境。

（二）城市环境的特点

1. 城市环境受人类活动的强烈影响

城市人口集中，经济活动频繁，对自然环境的改造力强，影响力大。城市是人们对自然环境施加影响和作用最剧烈的地域，因而，城市环境受到城市人类活动的强烈影响。

2. 城市环境的构成独特、结构复杂、功能多样

与纯自然、非人工性自然环境不同，城市环境的构成既有自然因素，又有人工因素，还有社会环境因素与经济环境因素。城市环境的这种多因素的独特构成，使得城市环境的结构极为复杂；城市环境所具有的空间性、经济性、社会性及美学性特征，又使得其结构呈现多重和复合特征。

3. 城市环境限制众多，矛盾集中

城市环境系统直接受外部环境的制约。城市生态系统不是封闭的，城市人类从事生产和生活活动，必须由外部输入生产和生活原料；同时，还必须把生产产品和生活废弃物转送到外部去，否则，城市将无法进行正常的经济活动，城市居民也无法生存。可见，城市环境系统对外界有很大的依赖性。

4. 城市环境系统相当脆弱

城市越是现代化和功能多样，其结构越复杂，一旦城市中的任何主要环节出了问题而不能及时解决，都可能导致城市的运转失常，甚至会导致城市运行的瘫痪，城市环境系统有相当的脆弱性。

5. 城市环境对社会经济发展的影响巨大

城市面积占国土面积的比例十分有限，但所居住的人口众多，经济活动集中。如1996年我国城市的建成区面积虽然仅占全国国土面积的1.8%，但是GDP、工业产值、社会商品零售额却分别占全国的68.63%、75.53%和70.02%。从世界范围看，虽然城市面积只占陆地面积的2%，但是所排放出的二氧化碳却占总排放量的78%。所以，城市生态环境对全球生态环境具有重要的影响，城市对全球的生态环境质量负有责任。

（三）城市环境效应

城市环境效应是城市人类活动给自然环境带来的一定程度的积极影响和消极影响的综合效果，包括污染效应（大气、水质、恶臭、噪声、固体废气物、辐射、有毒物质等）、生物效应（植被、鸟类、昆虫、啮齿动物、野生动物的变化）、地学效应（土壤、地质、气候、水文的变化及自然灾害等）、资源效应（对周围能源、水资源、矿产、森林等的耗竭程度）和美学效应（景观、美感、视野、艺术及游乐价值等）。

1. 城市环境的污染效应

城市环境的污染效应指城市人类活动给城市自然环境所带来的污染作用及其效果。城市环境的污染效应主要包括大气、水体质量下降、恶臭、噪声、固体废弃物、辐射、有毒物质污染等几个方面。

大气污染引起环境变化的性质，可分为物理效应、化学效应和生物效应三种。物理效应是大气中二氧化碳增多产生的温室效应，引起全球气候的变化；工业区排放大量颗粒

物，产生更多的凝结核而造成局部地区降雨增多；城市排放大量的热量，使气温高于周围地区，产生热岛效应等。化学效应如化石燃料燃烧排放的二氧化硫会形成酸雨降落地面，使土壤、水体酸化，腐蚀金属桥梁，铁轨及建筑物；光化学生成的烟雾、硫酸盐气溶胶等会降低大气能见度；氟氯烃化合物破坏臭氧层，使地面紫外线照射量增多，有害身体健康等。生物效应会导致生态系统变异，造成各种急性或慢性中毒等。

2. 城市环境的地学效应

城市环境的地学效应是指城市人类活动对自然环境所造成的影响，包括土壤、地质、气候、水文的变化及自然灾害等。

城市热岛效应是城市环境的地学效应的一种。城市的建筑物和道路的水泥砖、瓦表面改变了地表的热交换及大气动力学特性。白天地面的反射率低，辐射热的吸收率高，夜晚大部分以湍流热传输入大气，使气温升高，同时城市人类活动所释放出来的巨大热量以及大量城市代谢排入大气，改变了城市上空的大气组成，使其吸收太阳辐射的能力及对地面长波辐射的吸收力增强，使得市区温度高于周围地区，形成一个笼罩在城市上空的热岛。城市热岛效应具有阻止大气污染物扩散的不良作用，热岛效应的强度与局部地区气象条件（如云量、风速）、季节、地形、建筑形态以及城市规模和性质等有关。

城市地面沉降也是城市环境的地学效应的一种。城市地面沉降指地面地表的海拔标高在一定时期内不断降低的现象。其一可分为自然的地面沉降和人为的地面沉降。前者是由于地表松散的沉积层在重力作用下，逐渐压密所致，或是由于地质构造运动、地震等原因而引起；后者是在一定的地质条件下，过量开采地下水、石油和天然气等，使岩层下形成负压或空洞，以及在地表土层和建筑物的静态负荷压力下引起的大面积地面下陷。地面沉降可造成地表积水，海潮倒灌，建筑物及交通设施损毁等重大损失。人为的地面沉降也是公害之一。

城市地下水污染也是城市环境的地学效应的一种。城市地下水污染主要是由人类活动排放污染物引起的地下水物理、化学性质发生变化而造成的水体水质污染。地下水和地表水两者是互相转化而难以截然分开的。地下水具有水质洁净、分布广泛、温度变化小、利于储存和开采等特点。因此，往往成为城镇和工业，尤其是干旱和半干旱地区的主要供水水源。在中国的大中城市中，有60%以上的城市以地下水作为供水水源。近年来，这些城市的地下水都遭到不同程度的污染，污染物主要来自工业废水和生活污水。地下水一旦污染则很难恢复。

3. 城市环境的资源效应

城市环境的资源效应指城市人类活动对自然环境的资源，包括能源、水资源、矿产、森林等的消耗作用及其程度。

城市环境的资源效应首先体现在城市对自然资源的极大的消耗能力和消耗强度方面。由于城市人口消耗资源所占的比例提高，伴随着资源巨量消耗也不可避免产生环境污染。城市要承担不可再生资源损耗不可推卸的责任。

4. 城市环境的美学效应

城市的人们为满足其生存、繁衍、活动之需，构筑了包括房屋、道路、游憩设施在内的各种人工环境，并形成了各类的景观。这些人工景观在视野、艺术及游乐价值方面具有不同的特点，对人的心理和行为产生了潜在的作用和影响，即是城市环境的美学效应。

（四）城市环境容量

1. 城市环境容量的概念

环境容量是指环境或环境的组成要素（如水、空气、土壤和生物等）对污染物质的承受量和负荷量。其大小与环境空间的大小、各环境要素的特性和净化能力、污染物的理化性质等有关。

城市环境容量是指环境对于城市规模及人的活动提出的限度。具体地说，即：城市所在地域的环境在一定的时间、空间范围内，在一定的经济水平和卫生要求下，在满足城市生产、生活等各种活动正常进行前提下，通过城市的自然条件、人工条件（如城市基础设施等）的共同作用，对城市建设发展规模以及人们在城市中各项活动的强度提出的容许限度。

2. 城市环境容量若干类型及其特点

城市环境容量包括城市人口容量、自然环境容量、城市用地容量以及城市工业容量、交通容量和建筑容量等。

（1）城市人口容量

城市人口容量指在特定的时期内，城市能相对持续容纳的具有一定生态环境质量、社会环境水平及具有一定活动强度的城市人口数量。

城市人口容量具有三个特性。一是有限性：城市人口容量控制在一定的限度之内，否则就必将以牺牲城市中人们的生活质量作为代价；二是可变性：城市人口容量会随着生产力与科技水平的活动强度和管理水平而变化；三是稳定性：在一定的生产力与科学技术水平下，一定时期内，城市人口容量具有相对稳定性。

（2）城市大气环境容量

城市大气环境容量指在满足大气环境目标值（即能维持生态平衡及不超过人体健康阈值）的条件下，某区域大气环境所能承纳污染物的最大能力，或所允许排放的污染物的总量。

（3）城市水环境容量

城市水环境容量指在满足城市用水以及居民安全卫生使用城市水资源的前提下，城市区域水环境所能承纳的最大污染物质的负荷量。水环境容量与水体的自净能力和水质标准有密切关系。

（五）城市环境问题

城市是工业化和经济社会发展的产物，是人类社会进步的标志。在城镇化进程中，我们会遇到"城市环境综合症"的问题，诸如人口膨胀、交通拥挤、住房紧张、能源短缺、供水不足、环境恶化和空气污染。这不仅给城市建设带来巨大压力，还威胁着城市的经济社会发展，构成了城市发展的制约因素。

我国城市环境问题的特点：

1. 城市大气污染以煤烟型污染为主

建国以来，我国能源结构以煤炭为主的总格局始终未变。煤炭在一次能源的构成中约占76%，是世界平均值的2.53倍，美国的3.30倍，日本的4.30倍。在近14年的能源消耗构成中，煤炭增长了30倍。

2. 水污染与水资源短缺是城镇发展的重要制约因素

水污染已成为我国城市突出的问题。1997 年全国建制市污水排放总量大约为 351 亿 m^3，年集中处理率仅为 13.4%。大量未经处理的城市污水的直接排放已经造成了城市水环境的严重恶化，已有 90% 的水源水质遭受了不同程度的污染。

3. 固体废弃物和城市垃圾是城镇环境保护的一大难题

城镇系统是一个生态系统，它有各种物质和能量输入，也有各种废弃物和余能的输出。在城镇生态系统中，环境的自然净化能力远远小于城镇的各种废物的总排放。据统计，我国城镇生活垃圾年产出量每年以 10% 的速度增长。目前，城市垃圾不能及时清运和处理，已成为城市环境保护的一大难题。

4. 城市噪声污染严重

据有关资料，全国有 3/4 的城市道路交通噪声超标，全国有 2/3 的城市居民生活在噪声超标的环境之中。

二、城市环境保护

（一）城市环境保护的概念

城市环境保护是指在城市及周边区域采取行政的、法律的、经济的、科学技术的多方面措施，合理地利用自然资源，防止环境污染和破坏，以及产生污染后进行综合整治。目的是保持和维护生态平衡，扩大有用自然资源的再生产，保障人类经济社会发展。环境保护大致包括三个方面：

（1）保护人体免受病原微生物、有毒化学品和过量物理能所造成的生物损害；

（2）防止人们在与水、空气和土壤方面接触中受到不良刺激，产生不适；

（3）保持全球生态系统平衡和保护自然资源。

（二）城市环境保护与城市规划

城市环境保护的根本目标是，按自然规律和经济规律，为城市人口创造一个有利于生产、生活的优美环境。

要达到这一目标，就必须按照城市生态学的观点，实行对资源的合理开发和利用，合理地确定城市性质，规模和工业构成；经济合理地利用城市土地，合理地进行功能分区；合理地组织道路交通运输和布置管线工程，尽可能缩短物质、能量、通讯的流程；创造良好的、完善的卫生保健条件，创造可靠的安全条件，以抗御自然灾害（地震、洪水、狂风、暴雨、海啸）及各种病害；进行充分的绿化、美化，妥善地保护和利用好文物古迹、自然风景、建筑艺术群体和景观等城市环境。

总之，城市环境保护首先应从城市的全局入手，科学确定城市职能、产业结构、城市规模、空间布局结构，综合安排城市交通运输系统、基础设施和绿化系统等。

（三）城市环境保护的新理念

从 1972 年人类环境会议后的 20 年间，人们检讨几十年的环境保护历程及其所取得的成就时，发现过去环境保护的理念、路线、战略及政策、法规存在缺陷，把保护的基点放在直接控制污染上。我国环境保护机构在 1970 年代初成立之时，首先集中在控制和净化最急迫的环境问题上。在 1990 年代初，提出了由末端治理向全过程控制转移的号召，但并没有得到有效地贯彻。当前现行的法律、法规以及控制标准，仍然是污染控制思想体系的产物。"一控双达标"的行动计划，强调的仍是末端治理。这是当前环境保护工作存在的比较突出的问题。

末端治理思想的基点是产生的废物，要按政府规定的强制性标准进行处理，而不问原因如何。几十年的环境保护的实践表明，实施这条技术路线，尽管在发达国家取得显著的成绩，环境状况确定得到很大改观，但也发现有两个根本弊端无法回避。一是为了处理污染物要耗费巨额的资金，消耗大量的能源和物料；二是其效果并没达到所预期那么辉煌，有些问题根深蒂固，彻底解决十分困难，如土地污染、地下水污染、湖泊富营养化由此造成的生态环境品质不良的问题将长期存在。

于是，人们认识到应从防止污染的技术路线发端预防，产生了预防污染的思路。1990年美国颁布了世界第一部污染预防法案，提出污染预防政策，标志着传统的环境保护的理念得到纠正和发展。近些年在国际上提出了废物最小化和清洁生产，在概念上同属一意，这样会更有效，更经济。

（四）城市环境保护的主要内容和措施

1. 做好城市总体规划布局

城市总体布局对城市环境质量具有深远的影响。城市总体布局要综合考虑城市用地大小及地形、地貌、山脉、河流、气象、水文及工程地质等自然因素对城市总体布局的影响和制约；特别是处理好工业布局与城市环境保护的关系，区分有害工业与无害工业，根据风向和水流进行分区，从根本上防止工业有害物质对城市环境的影响。应重视城市土地的生态（适宜度）评价和生态敏感性分析工作。

2. 处理好工业布局与城市环境保护的关系。根据专业化和协作化要求，建立不同类型的工业区，以便集中综合处理，减少迂回运输，建立"工业食物链"，以达到废弃物减量化、资源化。

根据不同的工业性质，确定工业用地位置，根据生产工艺过程特点，区分有害烟尘、有害废水废物与无害洁净工业，根据风向、水流进行分区，建立防护带，以防止对城市农业的影响等。

3. 合理组织城市交通运输

城市道路交通是城市噪声和大气污染的主要来源之一（据一些国家调查，城市中噪声约有76%以上由是由交通运输产生的）。在道路系统规划中，应尽量使人车分流（如设步行街区），减少人流货流的交叉，道路应通畅便捷（低速行驶的机动车废气量是常速行驶的 5～7 倍）。

三、城市生态环境建设

（一）城市生态环境建设涵义

城市生态环境建设（城市环境建设）是按照生态学原理，以城市人类与自然的和谐为目标，以建立科学的城市人工化环境措施去协调人与人、人与环境的关系，协调城市内部结构与外部环境关系，使人类在空间的利用方式、程度、结构、功能等与自然生态系统相适应，为城市居民创造一个安全、清洁、美丽、舒适的工作和居住场所。

（二）城市生态环境建设目标

（1）致力于城市人类与自然环境的和谐共处，建立城市人类与环境的协调有序结构；

（2）致力于城市与区域发展的同步化；

（3）致力于城市经济、社会和生态的可持续发展。

（三）城市生态环境建设的内容

1. 推进产业结构模式演进

城市合理的产业结构模式都应遵循生态工艺原理演进，使其内部各成分形成综合利用资源，互相利用产品和废弃物，最终成为首尾相接的统一体。

2. 建立城市市区与郊区复合生态系统

从经济、社会联系看，市区是个强者，郊区乡村经济的社会发展依附于市区；从生态联系看，市区又是个弱者，郊区的生物生产能力是市区环境生息的基础。因此，为了增强城市生态系统的自律性和协调机制，必须将市区和郊区看作一个完整的复合生态系统，对两者的运行作统一调控。生态农业是城郊农业较理想的生产方式。它不但能提高农业资源的利用率，降低生产的物质与能量消耗，还能净化或重复利用市区工业、生活废弃物，并为城市居民提供更多的生物产品。因此，加强生态农业建设是市区与郊区复合生态系统，完善其结构和强化其功能的重要途径。

3. 推进城市绿地系统建设

在城市生态系统中，园林绿地系统是具有自净功能的重要组成部分。它在调节小气候、吸收环境中的有毒有害物质、衰减噪声、改善环境质量、减灾防灾、调节与维护城市生态平衡、美化景观等方面起着十分重要的作用。近年来，人们已越来越深刻地认识到绿地系统在城市生态环境建设中的重要性，开始了大规模的城市绿化，并将其提高到作为衡量城市现代化水平和文明程度的标准。城市绿地系统建设已成为城市生态环境建设的重要内容。

据上海有关部门研究证实，每公顷树木每年可吸收二氧化碳16t，二氧化硫300kg，产生氧气12t，滞尘总量可达10.9t，蓄水1500m³，蒸发水分4500～7500t。乔木和草坪的投资比为1∶10，而产生的生态效益比则为30∶1。因此，城市绿化系统建设中应高度重视提高乔木的比重。城市绿地系统的建设必须构建生态的群落，突出生态效益，贯彻生态与景观协调的原则。

4. 推进城市自然保护、森林公园的建设

城市自然保护区、森林公园等区域性的生态绿地，为生物提供良好的栖身环境和迁徙通道。保存城市生物多样性，是城市生态环境建设的重要内容之一。在高度工业化的城市地区，保护水、土、生物等自然资源和自然环境，以及保护人类历史遗迹和维护生态平衡发挥着重要的作用，同时也可成为开展科研、科普教育、旅游活动的重要基地。

第八节　城市更新和城市历史文化遗产的保护

一、城市历史文化遗产是城市发展的重要资源

《雅典宪章》提到"真能代表某一时期的建筑物，可引起普遍兴趣，可以教育人民。"《马丘比丘宪章》指出"城市的个性与特征取决于城市的体形结构和社会特征。因此，不仅要保存和维护好城市的历史遗址和古迹，而且还要继承一般的文化传统。一切有价值的、说明社会和民族特性的文物必须保护起来"。

《威尼斯宪章》指出，历史古迹包括"能够见证某种文明、某种有意义的发展和某种历史事件的城市或乡村环境"，并"由于时光流逝而获得文化意义的作用"。

《内罗毕建议》提出"考虑到历史地区是各地人类日常环境的组成部分，它们代表着

形成其过去的生动见证，提供了社会多样化相对应所需的生活背景的多样化，并且基于以上各点，它们获得了自身的价值，又得到了人性的一面"。"历史地区及其环境应被视为不可替代的世界遗产的组成部分。其所在国政府和公民应把保护该遗产，并使之与我们时代的社会生活融为一体作为自己的义务。"《内罗毕建议》明确指出了保护城市历史文化遗产具有社会、历史和实用三方面的普遍价值，以及对城市环境和城市发展的贡献。

《华盛顿宪章》把历史地区的概念扩大到所有城市中，不仅是历史性城镇，"一切城市、社区，不论是长期逐渐发展起来还是有意创建的，都是历史上各种各样的社会表现。这些文化财产无论其等级多低，均构成人类的记忆"。它指出，应该保护历史城区及其自然与人工环境，包括这些地区的文化。

城市历史文化遗产保护经历了从保护文物古迹、历史地段到历史文化城市及其自然与人工环境的过程。保护城市历史文化遗产的意义不仅仅在于保存城市历史发展的轨迹，以留存城市的记忆，也不只是继承传统文化，以延续民族发展的脉络。它同时还是城市进一步发展的重要基础，是城市发展不可再生的重要资源。

二、城市历史文化遗产保护的原则与目标

关于城市历史文化遗产保护的原则与目标在上述文件中已有涉及。《马丘比丘宪章》提到："保护、恢复和重新使用现有历史遗址和古建筑必须同城市建设过程结合起来，以保证这些文物具有经济意义并继续具有生命力。"《威尼斯宪章》中明确提出，必须对文物古迹所处的一定规模的环境加以保护，"凡传统环境存在的地方必须予以保存"。保护的目的在于保存城市历史传统地区及其环境，并使其重新获得活力，保护历史地段应采用法律、技术、经济等措施，使之适应现代生活的需要。"考虑到自古以来，历史地区为文化、宗教及社会活动的多样化和财富提供了最确切的见证，保护历史地区并使它们与现代生活相结合是城市规划和土地开发的基本因素"。《华盛顿宪章》认为"保护应体现历史城镇和城区真实性的特征，包括物质的和精神的组成部分"。

城市历史文化遗产保护的目的，是对构成人类记忆的历史信息及其文化意义在城市中的具体表象进行保存，确保历史城镇、街区和文物整体的和谐关系，并适应城市可持续发展的需要。

三、中国历史文化遗产保护体系

中国目前已形成由文物、历史文化保护区、历史文化名城（镇、村）等三个保护层次和由国家级、省级、市县级等三个保护级别组成历史文化遗产的保护体系（图3-4）。

四、城市历史文化遗产保护的要素及其保护的方式

（一）文物保护单位

根据《中华人民共和国文物保护法》第三条规定，文物保护单位是指"古文化遗址、古墓葬、古建筑、石窟寺、石刻、壁画、近代现代重要史迹和代表性建筑等不可移动文物"。文物保护单位"根据它们的历史、艺术、科学价值，可以分别确定为全国重点文物保护单位，省级文物保护单位，市、县级文物保护单位。

1. 文物保护单位的保护原则：

《中华人民共和国文物保护法》对文物保护单位确定了有关保护原则：

"文物保护单位的保护范围内不得进行其他建设工程或者爆破、钻探、挖掘等作业。

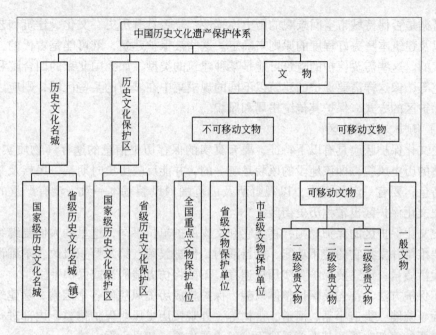

图3-4 中国历史文化遗产保护体系

但是，因特殊情况需要在文物保护单位的保护范围内进行其他建设工程或者爆破、钻探、挖掘等作业的，必须保证文物保护单位的安全，并经核定公布该文物保护单位的人民政府批准，在批准前应当征得上一级人民政府文物行政部门同意；在全国重点文物保护单位的保护范围内进行其他建设工程或者爆破、钻探、挖掘等作业的，必须经省、自治区、直辖市人民政府批准，在批准前应当征得国务院文物行政部门同意"。

"在文物保护单位的建设控制地带内进行建设工程，不得破坏文物保护单位的历史风貌"。

"在文物保护单位的保护范围和建设控制地带内，不得建设污染文物保护单位及其环境的设施，不得进行可能影响文物保护单位安全及其环境的活动。对已有的污染文物保护单位及其环境的设施，应当限期治理"。

"建设工程选址，应当尽可能避开不可移动文物；因特殊情况不能避开的，对文物保护单位应当尽可能实施原址保护"。

"对不可移动文物进行修缮、保养、迁移的时候，必须遵守不改变文物原状的原则"。

2. 文物保护单位的保护措施和保护范围：

根据《中华人民共和国文物保护法》的规定，"根据保护文物的实际需要，经省、自治区、直辖市人民政府批准，可以在文物保护单位的周围划出一定的建设控制地带，并予以公布。"

根据上述文物保护法规定的精神，在实施保护时，通常根据文物保护单位本身价值和环境特点，设置绝对保护区及建设控制地带两个层次，对有重要价值或对环境要求十分严格的文物保护单位，可划出环境协调区为第三个层次的保护范围。

（二）其他历史建筑

除了必须对文物保护单位按国家文物法的规定进行保护外，对城市中的其他建筑的保护，应遵循是否保持城市空间景观的历史连续性，是否具有历史、文化、建筑和艺术方面的价值以及建筑本身完好程度的原则来确定。这些被保护建筑，既可能是古代的，也可能是近现代的。这些需要保护的建筑可能是某种建筑的类型，如我国北京的四合院和上海的里弄住宅等，像这样需要保护的建筑以不同的规模集中在城市的某些区域，则应以划定历史文化保护区的方式，保护其传统格局和风貌。

（三）历史文化保护区

历史文化保护区应具有以下特征，要有真实的保存历史信息的遗存（物质实体）；要有较完整的历史风貌，即该地段的风貌是统一的，并能反映历史时期某一民族及某个地方的鲜明特色；要有一定的规模，以视野所及的范围内风貌基本一致，没有严重的视觉干扰。历史文化保护区也常称历史街区。

历史文化保护区的保护原则，首先它和文物保护单位不同，这里的人们要继续居住和生活，要维持并发扬它的使用功能，保持活力，促进繁荣；第二要积极改善基础设施，提高居民生活质量；第三要保护真实历史遗存，不要将仿方造假当成保护手段。

关于保护方法，首先要保护整体风貌，保护构成历史风貌的各个因素，除建筑外，还包括路面、院墙、街道小品、河道、古树等。外观按历史风貌保护修整，内部进行适应现代生活需要的更新改造。其次要采取逐步整治的作法，切忌大拆大建……。

历史地段的保护一般可归纳为建筑的保护，街道格局、空间及景观界面的保护等内容。

（四）历史文化名城

自1982~2001年，我国陆续颁布了四批101个历史文化名城。各省市还颁布了一批省级历史文化名城。核定历史文化名城的标准包括三个方面。

（1）不但要看城市的历史，还要着重看当前是否保存有较为丰富完好的文物古迹，是否具有重大的历史、科学和艺术价值；

（2）作为历史文化名城现状的格局和风貌应该保留着历史特色，并具有一定规模或数量的，代表城市传统风貌的街区；

（3）文物古迹主要分布在城市市区或郊区。保护和合理使用这些历史文化遗产对该城市的性质、布局和建设方针有重要的影响。历史文化名城是我国对"保存文物特别丰富，具有重大历史价值和革命意义的城市"（《中华人民共和国文物保护法》），通过国家或地方政府确认，具有法定意义的历史城市。

历史文化名城保护规划应当纳入城市的总体规划。历史文化名城保护应该包括文物保护单位的保护、其他历史建筑的保护、历史地段的保护和城市整体环境的保护。

五、城市更新与城市历史文化遗产保护

（一）城市更新及其目标

城市更新是指对城市中已经不适应现代生活需求的地区所作必要的、有计划的改建活动。在欧、美各国，城市更新起源于二战后对不良住宅区的改造，随后逐渐扩展至城市其他功能地区的改造，并将其重点落在城市中土地使用功能需要转换的地区，如废弃的码头、仓储区和需要搬迁的铁路站场区、工业区等。城市更新的目标是针对城市中影响甚至阻碍城市发展的城市问题。这些城市问题的产生，既有环境方面的原因，也包括经济和社会方面的原因。

由于自然的和人为的各种原因，城市中不同程度地会出现生活环境不良的地区。导致这些不良地区出现的原因大致有九个方面：人口密度增高，建筑物老化，公共服务设施、公园和休憩设施不足，卫生状况差，交通混杂，火灾和疾病发生率高，土地和物业价格下降，相互有干扰的功能夹杂在一起，与新生活方式、内容的差距拉大。

生活环境不良的地区不但影响居民的生活，也损害了城市形象，导致城市或城市中的某些地区的吸引力减弱。一方面土地和物业不能实现其应有的价值，原有的人口结构和人与人之间的关系发生变化，从而导致社会问题的发生；另一方面，随着城市的发展，城市某些地区空间布局不当或原有功能衰退，结果既影响了该地区及周围的城市环境，也破坏了城市形象的完整性和城市功能在空间上的延续性，阻碍了城市的合理发展。对这些地区需要有计划地进行改造，以满足人民群众日益增长的物质和精神生活需求。

（二）城市更新的内容与方式

1. 城市更新的内容

（1）基础设施的改造

历史地段和旧城的基础设施一般较差。基础设施的改造包括供水、供电、排水、供气、取暖等管网设施及垃圾收集清理、道路路面等街区市政基础设施的改造和完善。

（2）居住环境的改善

居住环境的改善除了建筑物内部的改造外，从城市规划的角度还包括居住人口规模的调整和户外居住环境质量的提高。

保持适当的居住人口是维持旧城生存活力的基本条件。过密或过疏的人口密度既不利于保护，也不利于城市发展。对居住人口密度过大的旧城地区，特别是历史地段中，不可能依靠增加大量新的建筑面积来使该地段的居民达到舒适的居住面积标准和户外环境标准。因此，适当减少居住人口，调整居民结构，迁走一定的住户，同时拆除搭建建筑和少量无价值的破损建筑，增加绿地与空地，以保证依然居住在历史地段的居民，达到一定的居住标准和质量。对居住人口密度太低的历史地段，则应该考虑如何更新、改善以吸引居民来此居住、工作和消费，恢复历史地段的活力。

（3）功能的定位与土地使用的调整

旧城区在不同程度上均存在着适应现代城市发展的问题。它关系到旧城的复兴、发展及其在城市中的地位和对城市的贡献。因而，如何在城市的发展中保持并发挥旧城的作用，具有十分重要的意义。应该对旧城区或旧城区的某些地段，在城市中的功能作重新的定位，并通过地段土地使用的调整来逐步实现更新。

（4）交通的重组

在一些人口密集、交通拥挤的旧城区，原来的街巷无法适应现代交通工具。

对历史地段而言，应在满足居民对现代化交通的需求与保护历史地段的历史文化环境特征之间寻求平衡。一般采取的解决方案是最大限度地将交通疏导到历史地段的外围，或是在街区内利用现有街道组织单向交通，或是两种措施并用，以保持历史地段的空间景观特征。在历史地段中一般不主张采用拓宽原有街道的做法来解决交通问题，新辟道路、新建停车场等均应在选线、选址、尺度等方面尽量与历史地段整体协调。

（5）城市公共空间系统的完善

旧城的城市公共空间，由于各种主客观的原因有些被占用，有些已失去了其原有的使用功能，有些设施不完善，有些环境不理想，还有些不能适应现代生活的需要。总之，这些公共空间存在着各种各样的问题，对城市的形象和居民的使用均造成了不利的影响，需要优化。同时，通过增加城市的公共空间来改善城市的整体生活环境和空间景观，完善城市的公共空间系统，也是城市更新的重要内容之一。

对处于城市保护范围内，和其他具有历史意义和价值的城市公共空间，应该保持它的空间尺度和周围空间界面的特征。其功能可以根据发展的要求作适当的改变。其他城市公共空间的改造和新增，均应以城市总体规划和城市设计为依据。

2. 城市更新的方式

（1）重建或再开发

重建或再开发是将城市土地上的现有建筑予以拆除，并适应城市发展的要求，重新建设。重建或再开发的对象是有关城市生活环境要素的质量已全面恶化的地区。重建是一种最为完全的更新方式，但这种方式在城市空间环境和景观方面，在社会结构和社会环境的变动方面，都可能产生重大的影响。

（2）改建

改建是对建筑物的全部或一部分予以改造或更新设施，使其能够继续使用。改建的对象是建筑物和其他市政设施尚可使用，但由于缺乏维护而产生设备老化、建筑破损、环境不佳的地区。对改建地区也必须做详细的调查和分析。其大致可细分为以下三种情况：维修，改建和部分拆建，更新公共设施。

改建的方式比重建需要的时间短，也可减轻安置居民的压力，投入的资金也较少。

（3）维护

维护是对仍适合于继续使用的建筑予以保留，并通过修缮活动使其继续保持或改善现有的使用状况。维护适用于建筑物仍保持良好的使用状态、整体运行情况较好的地区。维护是变动最小、耗资最低的更新方式，也是一种预防性的措施，适用于工程量大的城市地区。虽然可以将更新的方式分为三类，但在实际操作中应视当地的具体情况，将某几种方式结合在一起使用。

第四章　城市规划的制定与实施

1990 年颁布实施的《中华人民共和国城市规划法》，首次以国家立法形式授权各级人民政府依法制定和实施城市规划。制定和实施城市规划是各级人民政府的主要行政职责。

第一节　制定和实施城市规划的基本原则

制定和实施城市规划的最终目的是促进城乡经济、社会和环境建设的协调、可持续发展，实现经济效益、社会效益和环境效益的相统一，促进城市的现代化，为市民创造良好的生活和工作环境。因此，制定和实施城市规划必须遵循以下基本原则：

一、统筹兼顾，综合部署

城市规划的编制应当依据国民经济和社会发展规划，以及当地的自然地理环境、资源条件、历史文化、现实状况、未来发展要求，统筹兼顾，综合布局。要处理好局部利益与整体利益、近期建设与远期发展、需要与可能、经济发展与社会发展、城乡建设与环境保护、现代化建设与历史文化保护等一系列关系。在规划区范围内，土地利用和各项专业规划都要服从城市总体规划。城市总体规划应当和国土规划、区域规划、江河流域规划、土地利用总体规划相互衔接和协调。

二、合理和节约利用土地与水资源

我国人口众多，资源不足，土地资源尤为紧缺。城市建设必须贯彻切实保护耕地的基本国策，十分珍惜和合理利用土地。要明确和强化城市规划对于城市土地利用的管制作用，确保城市土地得以合理利用。一是科学编制规划，合理确定城市用地规模和布局，优化用地结构，并严格执行国家用地标准。二是充分利用闲置土地，尽量少占用基本农田。三是按照法定程序审批各项建设用地，对城市边缘地区土地利用要严格管制，防止乱占滥用。四是严肃查处一切违法用地行为，坚决依法收回违法用地。五是深化城市土地使用制度改革，促进土地合理利用，提高土地收益。六是重视城市地下空间资源的开发和利用。当前重点是大城市中心城区。地下空间资源的开发利用，必须在城市规划的统一指导下进行，统一规划，综合开发，切忌各自为政，各行其是。

我国是一个水资源短缺的国家，水源性缺水和水质性缺水的矛盾同时存在，城市缺水问题尤为突出。目前，全国许多城市水源受到污染，使本来紧张的城市水资源更为短缺。随着经济发展和人民生活水平的提高，城市用水需求量不断增长，水的供需矛盾越来越突出，水资源短缺已经成为制约我国经济建设和城市发展的重要因素。城市建设和发展必须坚持开源与节流并举，合理和节约利用水资源。一是把保护水资源放在突出位置，切实做好合理开发利用和保护水资源的规划。要优先保证广大居民生活用水，统筹兼顾工业用水和其他建设用水。二是依据本地区水资源状况，合理确定城市发展规模。三是根据水资源状况，合理确定和调整产业结构。缺水城市要限制高耗水型工业的发展，对耗水量高的企业逐步实行关停并转。四是加快污水处理设施建设，提高污水处理能力，并重视污水资源的再生利用。五是加强地下水资源的保护。地下水已经超采的地区，要严格控制开采。

三、保护和改善城市生态环境

保护环境是我国的基本国策。经济建设与生态环境相协调，走可持续发展的道路是关系到我国现代化建设事业全局的重大战略问题。保护和改善环境是城市规划的一项基本任务。当前需要注意的主要问题，一是逐步降低大城市中心区密度，搞好旧城改造工作。积极创造条件，有计划地疏散中心区人口，重点解决基础设施短缺、交通紧张、居住拥挤、环境恶化等问题，严格控制新项目的建设。二是城市布局必须有利于生态环境建设。城市建设项目的选址要严格依据城市规划进行。市区污染严重的项目要关停或迁移。三是加强城市绿化规划和建设。这是改善城市环境的重要措施。目前，全国城市人均公共绿地仅为 $6.1m^2$。要加强公共绿地、居住区绿地、生产绿地和风景区的建设。市区绿化用地绝对不能侵占。四是增强城市污水和垃圾处理能力，要把解决水体污染放在重要位置。

四、协调城镇建设与区域发展的关系

随着经济的发展，城市与城市之间，城市与乡村之间的联系越来越密切。区域协调发展已经成为城乡可持续发展的基础。城镇体系规划是指导区域内城镇发展的依据。要认真抓好省域城镇体系规划编制工作，强化省域城镇体系规划对全省城乡发展和建设的指导作用。制定城镇体系规划，应当坚持做到以下几点：一是从区域整体出发，统筹考虑城镇与乡村的协调发展，明确城镇的职能分工，引导各类城镇的合理布局和协调发展。二是统筹安排和合理布局区域基础设施，避免重复建设，实现基础设施的区域共享和有效利用。三是限制不符合区域整体利益和长远利益的开发活动，保护资源，保护环境。

五、促进产业结构调整和城市功能的提高

我国经济发展面临着经济结构战略性调整的重大任务。城市规划，特别是大城市的规划必须按照经济结构调整的要求，促进产业结构优化升级。要加强城市基础设施和城市环境建设，增强城市的综合功能，为群众创造良好的工作和生活环境。要合理调整用地布局，优化用地结构，实现资源合理配置和改善城市环境的目标。对环境有影响的工业企业要从市区迁出，着力发展第三产业、高新技术产业，做好这方面的规划布局和用地安排。要适应科技、信息业迅速发展及其对社会生活带来的变化，加强交通、通信工程建设。要加强居住区规划，加快经济适用住宅建设。居住区要布局合理，做到设施配套，功能齐全，生活方便，环境优美。

六、正确引导小城镇和村庄的发展建设

加快小城镇的发展是党中央确定的一个大战略，是社会经济发展的客观要求，是实现我国城镇化的一个重要途径。加快小城镇建设，有利于转移农村富余劳动力，促进农业产业化、现代化，提高农民收入；有利于促进乡镇企业和农村人口相对集中，改善生活质量。加快城镇化进程，有利于启动民间投资，带动最终消费，为经济发展提供广阔的市场空间和持续的增长动力。

发展小城镇要坚持统一规划、合理布局、因地制宜、综合开发、配套建设的方针，以统一规划为前提进行开发和建设。要量力而行，突出重点，循序渐进，分步实施，防止一哄而起。要加快编制县（市）域城镇体系规划，作为指导县（市）域内小城镇健康发展的依据。要统筹安排城乡居民点与基础设施的建设，合理确定发展中心镇的数量和布局。小城

镇的规划建设要做到紧凑布局，节约用地，保护耕地。要相对集中乡镇企业，并加强乡镇企业的污染治理，保护生态环境。同时，要搞好小城镇基础设施和公共设施的规划和建设。

七、保护历史文化遗产

城市历史文化遗产的保护状况是城市文明的重要标志。在城市建设和发展中，必须正确处理现代化建设和历史文化保护的关系，尊重城市发展的历史。我们的任务是既要使城市经济、社会得以发展，提高城市现代化水平，又要使城市的历史文化遗产得以保护。

历史文化遗产的保护，要在城市规划的指导和管制下进行，根据不同的特点采取不同的保护方式。一是依法保护各级政府确定的"文物保护单位"。对"文物保护单位"文物古迹的修缮要遵循"不改变文物原状的原则"，保存历史的原貌和真迹；要划定保护范围和建设控制地带，提出控制要求，包括建筑高度、建筑密度、建筑形式、建筑色彩等；要特别注意保存文物古迹的历史环境，以便更完整地体现它的历史、科学、艺术价值。二是保护代表城市传统风貌的典型地段。要保存历史的真实性和完整性，包括建筑物外观和构成整体风貌的街道、古树等。当然，建筑物内部可以更新改造，改善基础设施，以适应现代生活的需要。三是对于历史文化名城，不仅要保护城市中的文物古迹和历史地段，还要保护和延续古城的格局和历史风貌。

八、加强风景名胜区的保护

风景名胜区集中了大量珍贵的自然和文化遗产，是自然史和文化史的天然博物馆。目前，我国共有各级风景名胜区 512 处，面积达 9.6 万平方公里，占国土总面积的 1%。切实保护和合理利用风景名胜资源，对于改善生态环境，发展旅游业，弘扬民族文化，激发爱国热情，丰富人民群众的文化生活等具有重要作用。

风景名胜区要处理好保护和利用的关系，把保护放在首位。要按照严格保护、统一管理、合理开发、永续利用的原则，把风景名胜区保护、建设和管理好。搞好风景名胜区工作，前提是规划，核心是保护，关键在管理。因此，一方面要认真编制风景名胜区保护规划，作为各项开发利用活动的基本依据。要根据风景名胜区生态保护和环境容量的要求，合理确定开发利用的限度以及旅游发展的容量，有计划地组织游览活动。另一方面，要加强管理，严格实施规划。对风景名胜区内各类建设活动，要严格控制。风景名胜区内及外围保护地带的各项建设，都必须符合规划要求，与景观相协调。切忌大搞"人工化"造景。风景名胜区内不得设立开发区、度假村。更不得以任何名义和方式出让，或变相出让风景名胜资源及景区土地。

九、塑造富有特色的城市形象

城市的风貌和形象建设，是城市物质文明和精神文明的重要体现。每个城市都应根据自己的地方、民族、历史、文化特点，塑造具有自己特色的城市形象。不要盲目抄袭、攀比，不要搞脱离实际又不实用的"三大"（大广场、大草坪、大马路）、"两高"（高层建筑，高架道路）、"一风"（欧陆风）。

城市形象要通过城市设计的手段来实现。城市规划的各层次，从城市的总体空间布局到局部地段建筑的群体设计和重要建筑的单体设计，都要精心研究和做好城市设计，不仅要科学合理，而且要注意艺术水平；要深入了解城市自然景观资源，详细研究城市历史风貌，精心构思现代城市形象，准确把握城市形象特征，逐步加以实施。

十、增强城市抵御各种灾害的能力

城市防灾是保证城市安全、实现城市健康、持续发展的一项重要工作。在城市规划制定和实施中，必须引起高度重视。城市防灾包括防火、防爆、防洪、防震、防空等。要加强消防规划的编制，加大规划实施的监督检查力度。不论新区开发还是旧区更新改建，一定要按规划设置消防通道，配备消防设施。对于有易燃、易爆的建设项目，一定要慎重选址，要与其他建筑留出防火、防爆安全间距。要科学安排各种防汛，防洪设施，不要随意填河、填湖。位于地震多发地区的城市，要在规划中留出必要的避难空间。

第二节　城市规划的制定

城市规划是否科学、合理，直接影响到城市全局和长远的发展。制定城市规划，是一项涉及面广、政策性强的工作，制定城市规划的目的是指导和调控城市的建设和发展。

一、城市规划编制的任务和主要内容

（一）城市规划编制层次

根据《中华人民共和国城市规划法》规定，我国目前的城市规划编制层次，是在省（自治区）域城镇体系规划的指导下，编制城市总体规划和详细规划。在编制城市总体规划前，可以编制城市总体规划纲要。大、中城市根据需要在城市总体规划的基础上可以编制分区规划，用以指导详细规划的编制。近十余年来，为了适应由计划向市场体制的转变，满足城市开发管理的需要，在城市详细规划阶段，增加了控制性详细规划的编制层次。当前的城市规划编制体系可以概括为"两阶段、五层次"的体系：两阶段是指城市总体规划阶段和城市详细规划阶段。五层次是指总体规划阶段的城市规划纲要、总体规划、分区规划三个层次和详细规划阶段的控制性详细规划、修建性详细规划两个层次（图4-1）。

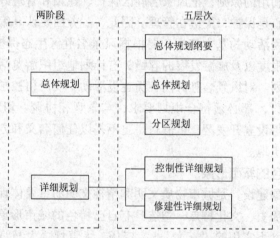

图4-1　中国城市规划编制层次

（二）城镇体系规划编制的任务和主要内容

城镇体系规划的任务是引导区域城镇化与城乡合理发展，协调和处理区域中各城市发展的关系和问题，合理配置区域土地、空间资源和基础设施，使区域内的城镇形成布局合理、结构明确、联系密切的体系。它是区域内城市总体规划编制的依据。

城镇体系规划一般可分为四个层次：全国城镇体系规划，涉及的城镇应包括设市城市和重要的县城；省（自治区）域城镇体系规划，涉及的城镇应包括市、县城和其他重要的建制镇，独立工矿区；市（直辖市、市和有中心城市依托的地区、自治州、盟）域城镇体系规划，涉及的城镇应包括建制镇和独立工矿区；县（自治县、旗）域城镇体系规划，应包括建制镇、独立工矿区和集镇。市域和县域的城镇体系规划一般结合市、镇总体规划一并编制。

1. 城镇体系规划编制的任务

城镇体系规划编制的主要任务包括：综合评价城镇发展条件，制订区域城镇发展战略，预测区域人口增长和城市化水平，拟定各相关城镇的发展方向与规模，协调城镇发展与产业配置的时空关系，统筹安排区域基础设施和社会设施，引导和控制区域内城镇的合理发展与布局，指导区域内城市总体规划的编制。

2. 城镇体系规划的主要内容

城镇体系规划一般包括下列主要内容：

（1）综合评价区域和城市发展、开发建设的条件；

（2）预测区域人口增长，确定城市化目标；

（3）确定本区域内的城镇发展战略，划分城市经济区；

（4）提出城镇体系的功能结构和城镇分工；

（5）确定城镇体系的等级和规模结构；

（6）确定城镇体系的空间布局；

（7）统筹安排区域内基础设施和社会设施；

（8）确定保护生态环境、自然和人文景观、历史文化遗产的原则和措施；

（9）确定一个时期重点发展的城镇，提出近期重点发展城镇的规划建议；

（10）提出实施规划的政策和措施。

（三）城市总体规划纲要编制的任务和主要内容

城市总体规划纲要是在编制城市总体规划前，研究确定城市总体规划的重大原则，报经城市政府批准后，作为编制城市总体规划的依据。

它包括以下主要内容：

（1）论证城市国民经济和社会发展条件，原则确定规划期内城市发展目标；

（2）论证城市在区域发展中的地位，原则确定市（县）域城镇体系的结构与布局；

（3）原则确定城市性质、规模、总体布局，选择城市发展用地，提出城市规划区范围的初步意见；

（4）研究确定城市能源、交通、供水等城市基础设施开发建设的重大原则问题；

（5）实施城市规划的重要措施。

（四）城市总体规划编制的任务和主要内容

1. 城市总体规划编制的任务

城市总体规划编制的任务主要包括：综合研究和确定城市性质、规模和空间发展形态，统筹安排城市各项建设用地，合理配置城市各项基础设施，处理好远期发展与近期建设的关系，指导城市合理发展。鉴于城市发展的过程性，城市总体规划需根据经济、社会发展进行修订。

2. 城市总体规划的主要内容

（1）设市城市应当编制市域城镇体系规划，县（自治县、旗）人民政府所在地的镇应当编制县域城镇体系规划（图4-2）；

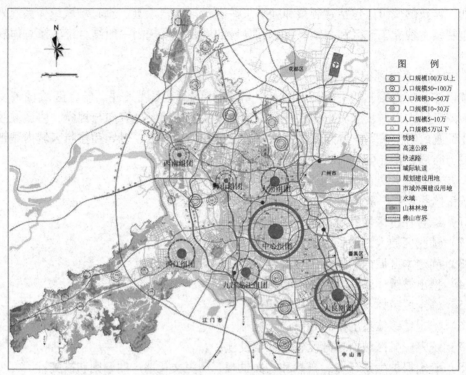

图4-2　某市城镇体系规划图（详图请见文前彩页）

（2）确定城市性质和发展方向，划定城市规划区的范围；

（3）提出规划期内城市人口及用地发展规模，确定城市建设和发展用地的空间布局、功能分区以及市中心、区中心位置（图4-3、图4-4、图4-5、图4-6）；

（4）确定城市对外交通系统的布局以及车站、铁路枢纽、港口、机场等主要交通设施的规模、位置，确定城市主、次干道系统的走向、断面、主要交叉口形式，确定主要广场、停车场的位置、容量（图4-7、图4-8、图4-9）；

（5）综合协调并确定城市供水、排水、防洪、供电、通信、燃气、供热、消防、环卫等设施的发展目标和总体布局（图4-10）；

（6）确定城市河湖水系的治理目标和总体布局，分配沿海、沿江岸线；

（7）确定城市园林绿地系统的发展目标及总体布局（图4-11）；

（8）确定城市环境保护目标，提出防治污染措施（图4-12）；

（9）根据城市防灾要求，提出人防建设、抗震防灾规划目标和总体布局；

（10）确定需要保护的风景名胜、文物古迹、历史地段，划定保护和控制范围，提出保护措施。历史文化名城要编制专门的保护规划（图4-13）；

（11）确定旧区改建用地调整的原则、方法和步骤，提出改善旧城区生产、生活环境的要求和措施；

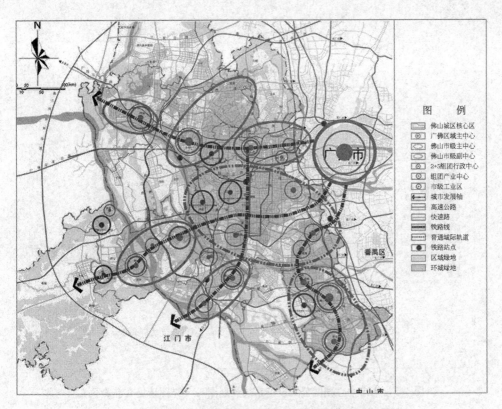

图4-3　某市中心城区空间布局结构图（详图请见文前彩页）

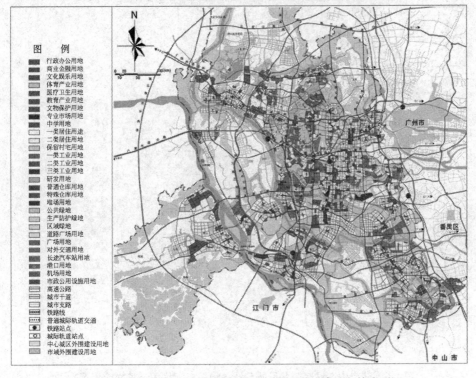

图4-4　某市中心城区用地布局规划图（详图请见文前彩页）

图 4-5　某市中心城区公共设施系统规划图一（详图请见文前彩页）

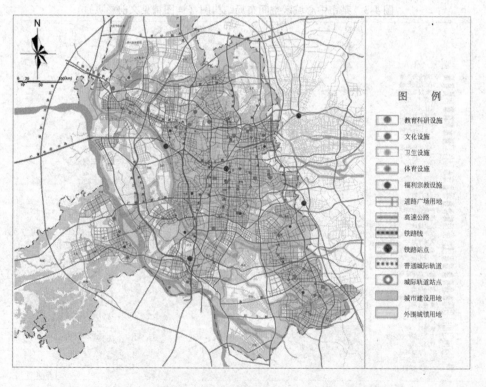

图 4-6　某市中心城区公共设施系统规划图二（详图请见文前彩页）

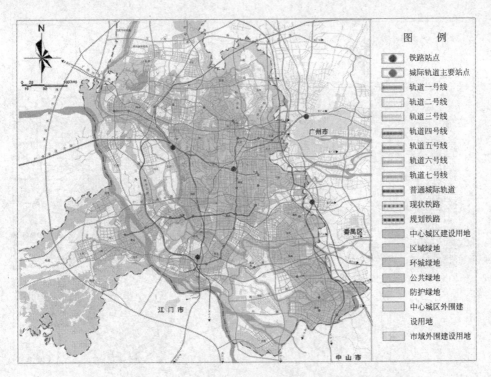

图4-7　某市中心城区轨道交通系统规划图（详图请见文前彩页）

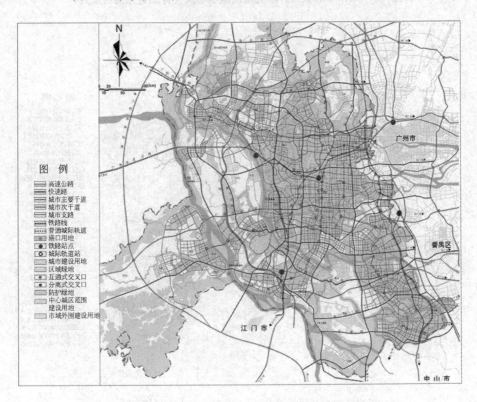

图4-8　某市中心城区道路系统规划图（详图请见文前彩页）

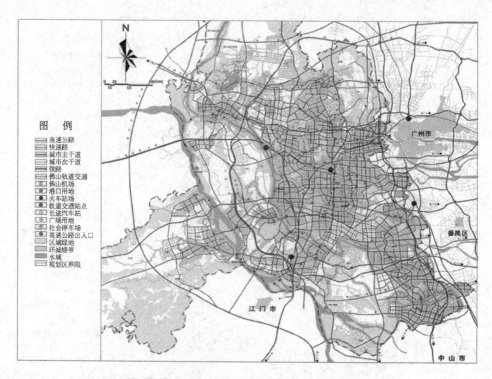

图 4-9　某市中心城区静态交通设施规划图（详图请见文前彩页）

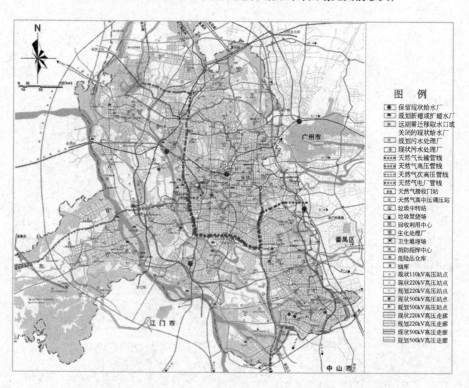

图 4-10　某市中心城区市政设施规划图（详图请见文前彩页）

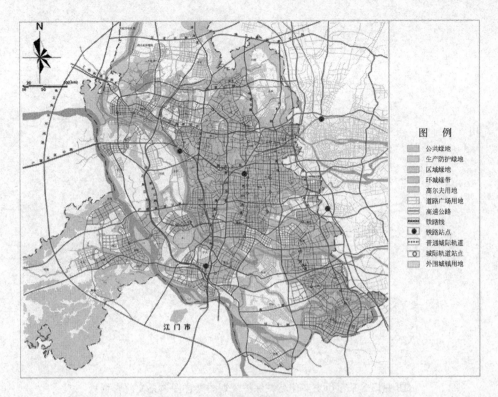

图4-11　某市中心城区绿地系统规划图（详图请见文前彩页）

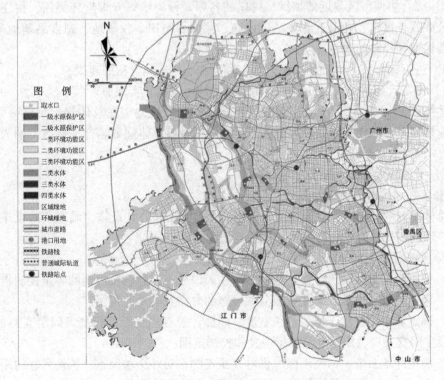

图4-12　某市中心城区环境保护规划图（详图请见文前彩页）

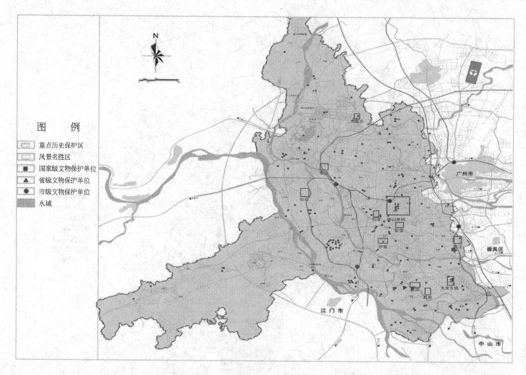

图4-13 某市历史文化名城保护规划图（详图请见文前彩页）

（12）综合协调市区与近郊集镇、村庄的各项建设，统筹安排近郊集镇、村庄的居住用地、公共服务设施、乡镇企业、基础设施、菜园、园田、牧草地、副食品基地等用地，划定需要保留和控制的绿色空间；

（13）进行综合技术论证，提出规划实施步骤、措施和方法的建议；

（14）编制近期建设规划，确定近期建设目标、内容和实施部署。

上述第(5)~(10)项内容属专业规划，重要的专业规划需在总体规划阶段一并制定；部分专业规划在总体规划审批后组织编制，并根据城市总体规划综合平衡后，纳入城市总体规划。

（五）分区规划编制的任务和主要内容

1. 分区规划编制的任务

在总体规划的基础上，对城市土地利用、人口分布和公共设施、城市基础设施的配置做出进一步地安排，便于更好地指导详细规划的编制。

2. 分区规划的主要内容

（1）原则规定分区内土地使用性质、居住人口分布、建筑及用地的容量控制指标；

（2）确定市级、地区、居住区级公共设施的分布及其用地范围；

（3）确定城市主、次干道的红线宽度、断面、控制点坐标、标高，确定支路的走向、宽度以及主要交叉口、广场、停车场位置和控制范围；

（4）确定绿地系统、河湖水面、供电高压走廊、对外交通设施、风景名胜的用地界线和文物古迹、历史地段的保护范围，提出空间形态的保护要求；

（5）确定工程干管的走向、位置、管径、服务位置以及主要工程设施的位置和用地位置。

（六）控制性详细规划编制的任务和主要内容

1. 控制性详细规划编制的任务

控制性详细规划由政府组织编制，是政府控制和引导城市土地利用及其开发建设的直接依据。控制性详细规划以总体规划或者分区规划为依据，详细规定建设用地范围内的各项控制指标和其他规划管理要求，指导修建性详细规划的编制（图4-14）。

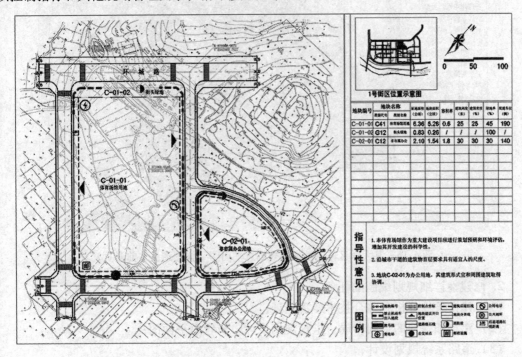

图 4-14　某街区控制性详细规划分图则（详图请见文前彩页）

2. 控制性详细规划的主要内容

（1）确定规划范围内各类不同性质用地的界线；规定各类用地内适建、不适建或者有条件地允许建设的建筑类型。

（2）规定各地块容积率、建筑密度、绿地率等控制指标；规定交通出入口方位、停车泊位、建筑后退红线距离、建筑间距等控制指标。

（3）提出各地块的建筑体量、体形、色彩等要求。

（4）确定各级支路的红线位置，控制点坐标和标高。

（5）根据规划容量确定工程管线的走向、管径和工程设施的用地界线。

（6）制定相应的土地使用和建筑管理规定。

（七）修建性详细规划的任务和主要内容

1. 修建性详细规划编制的任务

修建性详细规划由政府组织或开发建设单位委托编制，用于具体指导开发建设。修建性详细规划应以上一个层次规划（控制性详细规划、分区规划、总体规划）为依据，将城市建设的各项物质要素在当前拟建设开发的地区进行空间布置，对具体建设内容做出详细安排和规划设计（图4-15）。

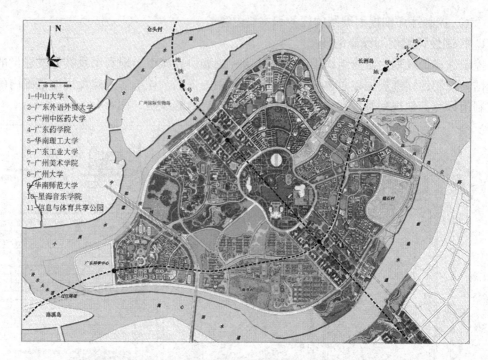

1－中山大学
2－广东外语外贸大学
3－广州中医药大学
4－广东药学院
5－华南理工大学
6－广东工业大学
7－广州美术学院
8－广州大学
9－华南师范大学
10－星海音乐学院
11－信息与体育共享公园

图4-15　某大学区修建性详细规划总平面图（详图请见文前彩页）

2. 修建性详细规划编制的任务

（1）建设条件分析和综合技术经济论证；

（2）建筑和绿地的空间布局、景观规划设计，布置总平面图；

（3）道路系统规划设计；

（4）绿地系统规划设计；

（5）工程管线规划设计；

（6）竖向规划设计；

（7）估算工程量、拆迁量和总造价，分析投资效益。

二、城市规划的组织编制与审批

（一）城市规划组织编制

根据有关城市规划法律规范规定，城市规划组织编制主体如下：

（1）国务院城市规划行政主管部门和省、自治区人民政府分别组织编制全国和省、自治区的城镇体系规划。

（2）城市人民政府负责组织编制城市总体规划。需要编制城市总体规划纲要的，由人民政府负责组织编制。县级人民政府负责编制县级人民政府所在地镇的城市总体规划。其他建制镇的总体规划，由镇人民政府组织编制。

（3）城市人民政府的城市规划行政主管部门负责组织编制分区规划和详细规划。县人民政府城市规划行政主管部门负责组织编制县人民政府所在地镇的详细规划。其他建制镇的详细规划由镇人民政府负责组织编制。修建性详细规划可由开发建设单位组织编制。

（4）总体规划、分区规划、控制性详细规划必须由各级人民政府组织编制。修建性详细规划可由各级人民政府组织编制，也可由开发建设单位组织编制。

（二）城市规划的审批

城市规划实行分级审批：

（1）全国城镇体系规划报国务院审批。

（2）省、自治区城镇体系规划经国务院审查同意后，由建设部批复。

（3）直辖市的城市总体规划，由直辖市人民政府报国务院审批。

（4）省和自治区人民政府所在地的城市、城市人口在100万以上的城市及国务院指定的其他城市的总体规划由省、自治区人民政府报国务院审批。

（5）其他设市城市和县级人民政府所在地镇的总体规划报省、自治区、直辖市人民政府审批，其中市管辖的县级人民政府所在地的总体规划报市人民政府审批。

（6）其他建制镇的总体规划报县人民政府审批。

城市人民政府和县级人民政府向上级人民政府报批城市总体规划前，须经同级人民代表大会或者其常务委员会审议同意。

第三节 城市规划的实施管理

一、城市规划实施管理的概念

城市规划的实施主要是通过城市各项建设的运行和发展来实现。因此，城市规划实施管理主要是对城市土地使用和各项建设进行管理。城市规划实施管理是一种行政管理，具有一般行政管理的特征。它是以实施城市规划为目标，行使行政权力的过程和形式。具体地说，就是城市人民政府及其规划行政主管部门依据法定城市规划和相关法律规范，运用行政的、法制的、经济的和社会的管理资源与手段，对城市土地的使用和各项建设活动进行控制、引导、调节和监督，保障城市健康发展。

二、城市规划实施管理的行政原则

（一）合法性原则

合法性原则是社会主义法制原则在城市规划行政管理中的体现和具体化。行政合法性原则的核心是依法行政。其主要内容，一是规划管理人员和管理对象都必须严格执行和遵守法律规范，在法定范围内依照规定办事。二是规划管理人员和管理对象都不能有不受行政法调节的特权。权利的享受、义务的免除都必须有明确的法律规范依据。三是城市规划实施管理行政行为必须有明确的法律规范依据。一般来说，一个国家的法律对行政机关行为的规定与管理相对人的规定不一样。对于行政机关来说，只有法律规范规定的行为才能为之，即"法无授权不得行、法有授权必须行"。对于管理对象来说，法律规范不禁止的行为都可以做，法律规范规定禁止的行为都不能做。这是因为行政权力是一种公共权力，它以影响公民的权益为特征。为了防止行政机关行使权力时侵犯公民的合法权益，就必须对行政权力的行使范围加以设定。四是任何违犯行政法律规范的行为都是行政违法行为，它自发生之日起就不具有法律效力。一切行政违法主体和个人都必须承担相应的法律责任。

（二）合理性原则

合理性原则的存在有其客观基础。行政行为固然应该合法，但是，任何法律的内容都是有限的。由于现代国家行政活动呈现多样性和复杂性，特别是像城市规划实施这类行政管理工作，专业性、技术性很强，立法机关没有可能来制定详尽的、周密的法律规范。为了保证城市规划的实施，行政管理机关需要享有一定程度的自由裁量权，即根据具体情况，灵活应对复杂局面的行为选择权。此时，规划管理机关应在合法性原则的指导下，在法律规范规定的幅度内，运用自由裁量权，采取适当的措施或做出合适的决定。

行政合理性原则的具体要求是，行政行为在合法的范围内还必须合理。即行政行为要符合客观规律，要符合国家和人民的利益，要有充分的客观依据，要符合正义和公正。例如抢险工程可以先施工后补办相关许可证。

（三）效率性原则

效率性原则是行政管理部门的基本行政原则。它充分体现了行政管理部门为人民服务的宗旨和为城市建设服务的精神。行政部门遵循依法行政的种种要求并不意味着可以降低行政效率。廉洁、高效是人民群众对政府的要求，提高行政效率是许多国家行政改革的基本目标。在法律规范规定的范围内决策，按法定的程序办事，遵守操作规则，将大大提高行政效率，有助于避免失误和不公，并可减少行政争议。

（四）集中统一管理的原则

所谓集中统一管理原则，是指实行城市的统一规划和统一规划管理。实行城市的集中统一的规划管理，是城市本身发展规律提出的客观要求。城市是一个十分复杂而又完整的系统，构成这一系统的各种要素只有相互协调和综合地发挥作用，才能保证系统的有序运行和最大效益的获取。而城市规划作为城市建设和发展的基本政策和综合部署，对城市系统起着统摄全局和综合协调的作用。城市的统一规划和统一规划管理，是城市系统有序运行的基本保证。因此，城市规划必须由城市人民政府集中统一管理。实行规划的集中统一管理，就是要在城市人民政府的领导和管理下，使城市建设和发展严格按照经法定程序批准的城市总体规划逐步实施。在城市建设中，城市的各个部门、行业，各项事业及各个方面，都必须服从城市规划，服从统一的规划管理。对城市总体规划进行局部调整和重大变更的，必须依法报审批机关备案或审批。只有这样，才能维护城市规划的法定权威性，协调和整合城市中各方面的关系，保证城市规划的有效实施，促进城市经济、社会和环境的协调发展。

（五）政务公开的原则

《中华人民共和国宪法》在总纲中规定"中华人民共和国的一切权力属于人民"。人民依照法律规定，通过各种途径和形式，管理国家事务，管理经济和文化事业，管理社会事务。城市规划的实施事关全市居民的利益，城市居民对规划管理的各项事务有知情权、查询权、建议权、投诉权等有关权利。城市规划管理应当实行政务公开。实行政务公开的原则是，规划管理行政行为除法律规范特别规定的外，应一律向社会公开。具体要求为：一是城市规划一经批准，应当向社会公布。二是城市规划实施管理的依据、程序、时限、结果、管理部门和人员、投诉渠道向社会公开。三是市民或建设单位向规划管理部门了解有关的法律，法规、规章、政策和规划时，规划管理部门有回答和解释的义务。

三、城市规划实施管理应注意处理的几个关系

（一）城市规划的严肃性与实施环境的复杂性和多变性的关系

城市规划一经批准便具有法律效力，必须严格执行。但是在城市规划实施过程中，影响城市建设和发展的各种因素总是不断发展变化的。对此，在城市规划制定阶段，有些虽

已预料到，但应对措施不尽完善；有些则还没有预料到。这就使城市规划实施必须面对许多新情况、新问题。城市规划在实施过程中做局部的调整，不仅是可能的，而且是需要的。在实施中，必须坚持科学的态度，采取科学的方法，提出切实可行的应对方案。从这层意义上说，城市规划实施不仅仅是城市规划的具体化，还是对城市规划的优化和完善，是一个动态规划的过程。城市规划实施过程中，对已制定的城市规划不应随意调整，应依据法定程序进行。例如，对于城市总体规划涉及的城市性质、规模、发展方向、总体布局等重大的修改，必须按照法定程序报经原审批机关批准；对于小的调整，也应规定必要的程序，报经有审批权的机构批准。只有这样，才能保证城市规划的严肃性和稳定性。

（二）近期建设和远期发展的关系

尽管城市规划是对城市未来 5 年、10 年建设和发展的安排，但"千里之行，始于足下"，城市规划的实施总是通过各项具体建设来实现的。城市近期建设项目由于其区位和规模的不同，对城市未来的发展总会产生不同程度的影响。在处理这些近期建设项目时，不仅要满足当前的需要，还必须考虑对城市未来发展的影响，不能就事论事。例如，建设项目的选址，必须符合城市规划所确定的土地使用布局，通过逐年建设，使城市形成合理的布局结构。又例如，建设项目的位置必须让出道路规划红线，保证城市交通发展的需要。再例如，对于某些分期建设有发展要求的建设项目必须考虑其发展备用地，以保证其发展等等。总之，对于城市规划的实施要面对现实，面向未来，远近结合，慎重决策。

（三）公共利益和局部利益的关系

城市规划作为重要的政府行为，具有公共政策的性质。其基本目标，是通过协调和平衡各利益主体反映在城市空间和建设行为上的利益关系，维护城市的全局和长远利益。在社会主义市场经济条件下，由于利益主体的多元化和市场自发作用不可克服的缺陷，妥善处理公共利益和局部利益的矛盾，成为城市规划实施的一项重要内容。城市规划实施要以保障公共利益为前提，兼顾局部利益。有些建设项目从局部利益看可行，从公共利益看不可行，则应予以限制或禁止。例如，不能占用公共绿地及规划绿地道路和广场用地、市政公用设施用地、对外交通用地等搞商品房建设。又例如，对于侵犯公共利益的违法建设，必须坚决予以拆除。有些建设项目，从公共利益看来是可行的，而从局部利益看来是有损其局部利益的，则应协调好公共利益与局部利益的关系，促其实现。例如，城市道路的拓宽，占及某些单位的用地，为了保证城市交通发展的需要，这些单位应服从大局。

（四）促进经济发展与保护历史文化遗产的关系

城市建设，不论新区开发或旧城更新，都是为了促进经济、社会的发展。经济发展了，城市建设才有财力的保障。但是，城市是人类物质文明和精神文明的集聚地，遗存有大量的具有历史文化价值的建筑和街区，其中有些已经通过法定程序列入保护对象。在城市建设中，对这些具有历史文化价值的建筑和街区，必须妥善予以保护。发展经济决不能以拆除历史文化遗产为代价，应当妥善处理好发展经济与保护历史文化遗产的关系。

四、城市规划实施管理的基本制度

城市规划实施管理的基本制度是规划许可制度。即城市规划行政主管部门根据依法审批的城市规划和有关法律规范，通过核发建设项目选址意见书、建设用地规划许可证和建设工程规划许可证（通称"一书两证"），对各项建设用地和各类建设工程进行组织、控制、引导和协调，使其纳入城市规划的轨道。

（一）建设项目选址意见书

建设项目选址意见书是在建设项目的前期可行性研究阶段，由城市规划行政主管部门依据城市规划对建设项目的选址提出要求的法定文件，是保证各项工程选址符合城市规划，按规划实施建设的重要管理环节（图4-16、4-17、4-18）。

国家计委、国家建委、财政部于1978年颁布的《关于基本建设程序的若干规定》明确规定："建设项目必须慎重选择建设地点；要贯彻执行工业布局大分散、小集中、多搞小城镇的方针；要考虑战备和保护环境的要求；要注意工农结合，城乡结合，有利生产，方便生活；要注意经济合理和节约用地；要认真调查原料、工程地质、水文地质、交通、电力、水源、水质等建设条件；要在综合研究和进行多方案比较的基础上，提出选点报告；选择建设地点的工作，按项目隶属关系，由主管部门组织勘察设计等单位和所在地的有关部门共同进行；凡在城市辖区内选点的，要取得城市规划部门的同意，并且要有协议文件"。1985年，国家计委和城乡建设环境保护部《关于加强重点项目建设中城市规划和前期工作的通知》指出："凡与城镇有关的建设项目，应按照《城市规划条例》的有关规定，在当地城市规划部门的参与下共同选址。各级计委在审批建设项目的建议书和设计任务书时，应征求同级城市规划主管部门的意见"。以上规定，经过多年来的实践证明是正确的、行之有效的，必须进一步坚持下去。《城市规划法》第三十条规定："城市规划区内的建设工程的选址和布局必须符合城市规划。设计任务书报请批准时，必须附有城市规划行政主管部门的选址意见书"。

（二）建设用地规划许可证

《城市规划法》第三十一条规定："建设单位或者个人在取得建设用地规划许可证后，方可向县级以上地方人民政府土地管理部门申请用地。"第三十九条规定："在城市规划区内，未取得建设用地规划许可证而取得建设用地批准文件，占用土地的，批准文件无效。占用的土地由县级以上人民政府责令退回"。明确规定了建设用地规划许可证是建设单位在向土地管理部门申请征用、划拨土地前，经城市规划行政主管部门确认建设项目位置和范围符合城市规划的法定凭证。核发建设用地规划许可证的目的是确保土地利用符合城市规划，同时，为土地管理部门在城市规划区内行使权属管理职能提供必要的法律依据。土地管理部门在办理征用、划拨建设用地过程中，若确需改变建设用地规划许可证核定的用地位置和界限，必须与城市规划行政主管部门商议，并取得一致意见，修改后的用地位置和范围应符合城市规划要求（图4-19、4-20）。

（三）建设工程规划许可证

建设工程规划许可证是有关建设工程符合城市规划要求的法律凭证。《城市规划法》第三十二条规定："在城市规划区内新建、扩建和改建建筑物、构筑物、道路、管线和其他工程设施，必须持有关批准文件向城市规划行政主管部门提出申请，由城市规划行政主管部门根据城市规划提出的规划设计要求，核发建设工程规划许可证件"（图4-21、4-22）。

建设工程规划许可证的作用，一是确认有关建设活动的合法地位，保证有关建设单位和个人的合法权益；二是作为建设活动进行过程中接受监督时的法定依据，城市规划管理工作人员要根据建设工程规划许可证规定的建设内容和要求进行监督检查，并将其作为处罚违法建设活动的法律依据；三是作为有关城市建设活动的重要历史资料和城市建设档案的重要内容。

中华人民共和国

建设项目选址意见书

中华人民共和国建设部制

图 4-16 建设项目选址意见书样本（一）

建设项目选址意见书

编号：   字第   号

根据《中华人民共和国城市规划法》第三十条和《建设项目选址规划管理办法》的规定，特制定本建设项目选址意见书，作为审批建设项目设计任务书（可行性研究报告）的法定附件。

建设项目基本情况	建设项目名称	
	建设单位名称	
	建设项目依据	
	建 设 规 模	
	建设单位拟选位置	
城市规划行政主管部门选址意见		

图 4-17 建设项目选址意见书样本（二）

城市规划行政主管部门选址意见	
附件附图名称	

图 4-18 建设项目选址意见书样本（三）

中华人民共和国

建设用地规划许可证

编号

　　根据《中华人民共和国城市规划法》第三十一条规定，经审核，本用地项目符合城市规划要求，准予办理征用划拨土地手续。

特发此证

发证机关

日　　期

图4-19　建设用地规划许可证样本（一）

用 地 单 位	
用地项目名称	
用 地 位 置	
用 地 面 积	
附图及附件名称	

遵守事项:

一、本证是城市规划区内,经城市规划行政主管部门审核,许可用地的法律凭证。

二、凡未取得本证,而取得建设用地批准文件、占用土地的,批准文件无效。

三、未经发证机关审核同意,本证的有关规定不得变更。

四、本证自核发之日起,有效期为六个月,逾期未使用,本证自行失效。

图 4-20　建设用地规划许可证样本(二)

中华人民共和国

建设工程规划许可证

编号

　　根据《中华人民共和国城市规划法》第三十二条规定，经审核，本建设工程符合城市规划要求，准予建设。

特发此证

发证机关

日　　期

图 4-21　建设工程规划许可证样本（一）

建 设 单 位	
建设项目名称	
建 设 位 置	
建 设 规 模	

附图及附件名称

遵守事项：

一、本证是城市规划区内，经城市规划行政主管部门审核，许可建设各类工程的法律凭证。

二、凡未取得本证或不按本证规定进行建设，均属违法建设。

三、未经发证机关许可，本证的各项规定均不得随意变更。

四、建设工程施工期间，根据城市规划行政主管部门的要求，建设单位有义务随时将本证提交查验。

五、本证自核发之日起，必须在六个月内，按规定进行建设，逾期本证自行失效。

图 4-22　建设工程规划许可证样本（二）

（四）建设行为规划监察

建设行为的规划监察是保证土地利用和各项建设活动符合规划许可要求的重要手段。《城市规划法》第三十六条规定："城市规划行政主管部门有权对城市规划区内的建设工程是否符合规划要求进行检查"。第三十八条又规定："城市规划行政主管部门可以参加城市规划区内重要建设工程的竣工验收"。

五、城市规划实施管理的主要内容

城市规划实施管理的主要内容，取决于城市规划实施管理的任务。它反映了城市规划实施要求和行政管理职能的要求。就城市规划实施要求来看，主要管好城市规划区内土地的使用；其次是管好各项建设工程的安排；第三是加强城市规划实施的监督检查。城市规划实施管理的内容分两个层面，即城市规划实施管理的工作内容和具体管理内容。

（一）建设项目选址规划管理

建设项目选址，顾名思义，它是选择和确定建设项目建设地址。它是各项建设使用土地的前提，是城市规划实施管理对建设工程实施引导、控制的第一道工序，是保障城市规划合理布局的关键。该项工作审核的内容有：

1. 建设项目的基本情况

主要是根据经批准的建设项目建议书，了解建设项目的名称、性质、规模，对市政基础设施的供水、能源的需求量，采取的运输方式和运输量，"三废"的排放方式和排放量等，以便掌握建设项目选址的要求。

2. 建设项目与城市规划布局的协调

建设项目的选址必须按照批准的城市规划进行。建设项目的性质大多数是比较单一的，但是，随着经济、社会的发展和科学技术的进步，出现了土地使用的多元化，也深化了土地使用的综合性和相容性。按照土地使用相符和相容的原则安排建设项目的选址，才能保证城市布局的合理。

3. 建设项目与城市交通、通讯、能源、市政、防灾规划和用地现状条件的衔接与协调

建设项目一般都有一定的交通运输要求、能源供应要求和市政公用设施配套要求等。在选址时，要充分考虑拟使用土地是否具备这些条件，以及能否按规划配合建设的可能性，这是保证建设项目发挥效益的前提。没有这些条件的，则坚决不予安排选址。同时，建设项目的选址还要注意对城市市政交通和市政基础设施规划用地的保护。

4. 建设项目配套的生活设施与城市居住区及公共服务设施规划的衔接与协调

一般建设项目，特别是大中型建设项目都有生活设施配套的要求。同时，征用农村土地、拆迁宅基地的建设项目还有安排被动迁的农民、居民的生活设施的安置问题。这些生活设施，不论是依托旧区还是另行安排，都有交通配合和公共生活设施的衔接与协调问题。建设项目选址时必须考虑周到，使之有利生产，方便生活。

5. 建设项目与城市环境保护规划和风景名胜、文物古迹保护规划、城市历史风貌区保护规划等相协调

建设项目的选址不能造成对城市环境的污染和破坏，而要与城市环境保护规划相协调，保证城市稳定、均衡、持续的发展。生产或存储易燃、易爆、剧毒物的工厂、仓库等建设项目，以及严重影响环境卫生的建设项目，应当避开居民密集的城市市区，以免影响城市安全和损害居民健康。产生有毒、有害物质的建设项目应当避开城市的水源保护地和

城市主导风向的上风以及文物古迹和风景名胜保护区。建设产生放射性危害的设施，必须避开城市市区和其他居民密集区，并设置防护工程和废弃物处理设施，妥善考虑事故处理措施。

6. 交通和市政设施选址的特殊要求

港口设施的建设，必须综合考虑城市岸线的合理分配和利用，保证留有足够的城市生活岸线。城市铁路货运干线、编组站、过境公路、机场、供电高压走廊及重要的军事设施应当避开居民密集的城市市区，以免割裂城市，妨碍城市的发展，造成城市有关功能的相互干扰。

7. 珍惜土地资源、节约使用城市土地

建设项目尽量不占、少占良田和菜地，尽可能挖掘现有城市用地的潜力，合理调整使用土地。

8. 综合有关管理部门对建设项目用地的意见和要求

根据建设项目的性质和规模以及所处区位，对涉及到的环境保护、卫生防疫、消防、交通、绿化、海港、河流、铁路、航空、气象、防汛、军事、国家安全、文物保护、建筑保护和农田水利等方面的管理要求，必须符合有关规定，并征求有关管理部门的意见，作为建设项目选址的依据。

（二）建设用地规划管理

建设用地规划管理是城市规划实施管理的核心。它与土地管理既有联系又有区别。其区别在于管理职责和内容。建设用地规划管理负有实施城市规划的责任，它是按照城市规划确定建设工程使用土地的性质和开发强度，根据建设用地要求确定建设用地范围，协调有关矛盾，综合提出土地使用规划要求，保证城市各项建设用地按照城市规划实施。土地管理的职责是维护国家土地管理制度，调整土地使用关系，保护土地使用者的权益，节约、合理利用土地和保护耕地。土地管理部门负责土地的征用、划拨和出让；受理土地使用权的申报登记；进行土地清查、勘查、发放土地使用权证；制定土地使用费标准，向土地使用者收取土地使用费；调解土地使用纠纷；处理非法占用、出租和转让土地等。

建设用地规划管理与土地管理的联系在于管理的过程。城市规划行政主管部门依法核发的建设用地规划许可证，是土地行政主管部门在城市规划区内审批土地的前提和重要依据。《城市规划法》规定：“在城市规划区内，未取得建设用地规划许可证而取得建设用地批准文件占用土地的，批准文件无效，占用的土地由县级以上人民政府责令退回”。因此，建设用地的规划管理和土地管理应该密切配合，共同保证和促进城市规划的实施和城市土地的有效管理，决不能对立或割裂开来。

建设用地规划管理的主要内容如下：

1. 核定土地使用性质

土地使用性质的控制是保证城市规划布局合理的重要手段。为保证各类建设工程都能遵循土地使用性质相容性的原则，互不干扰，各得其所，应严格按照批准的详细规划控制土地使用性质，选择建设项目的建设地址。尚无批准的详细规划可依，且详细规划来不及制定的特殊情况，城市规划行政主管部门应根据城市总体规划，充分研究建设项目对周围环境的影响和基础设施条件具体核定。核定土地使用性质应符合标准化、规范化的要求，必须严格执行《城市用地分类与规划建设用地标准》的有关规定。凡因情况变化确需改变规划用地性质的，如对城市总体规划实施和周围环境无碍，应先做出调整规划，按规定程序报经批准后执行。

我国大多数城镇的旧区都不同程度存在着布局混乱，各类用地混杂相间，市政公用设施容量不足，城市道路狭窄弯曲，通行能力差等问题。这些问题的存在，已经严重影响了城市功能的发挥。对一些矛盾突出，严重影响生产、生活的用地进行调整，可以促进经济的发展，改善城市环境质量，节约城市建设用地。按照城市规划调整城市中不合理的用地布局，成为建设用地规划管理的重要内容。因此，城市规划要充分发挥控制、组织和协调作用，根据实事求是的原则，兼顾城市公共利益和相关单位的合法利益，积极开展城市旧区不合理用地的调整。对于范围较大的旧区改建，需要编制地区详细规划，并按法定程序批准后，方可组织用地调整。

2. 核定土地开发强度

核定土地开发强度是通过核定建筑容积率和建筑密度两个指标来实现的。

（1）建筑容积率是指建筑基地范围内地面以上建筑面积总和与建筑基地面积的比值。建筑容积率是保证城市土地合理利用的综合指标，是控制城市土地使用强度的最重要的指标。容积率过低，会造成城市土地资源的浪费和经济效益的下降；容积率过高，又会带来市政公用基础设施负荷过重，交通负荷过高，环境质量下降等负面影响。不仅建设项目效能难以正常发挥，城市的综合功能和集聚效应也会受到影响。

（2）建筑密度是指建筑物底层占地面积与建筑基地面积的比率（用百分比表示）。核定建设项目的建筑密度，是为了保证建设项目建成后城市的空间环境质量，保证建设项目能满足绿化、地面停车场地、消防车作业场地、人流集散空间和变电站、煤气调压站等配套设施用地的面积要求。建筑密度指标和建筑物的性质有密切的关系。如居住建筑，为保证舒适的居住空间和良好的日照、通风、绿化等方面的要求，建筑密度一般较低；而办公、商业建筑等底层使用频率较高，为充分发挥土地的效益，争取较好的经济效益，建筑密度则相对较高。同时，建筑密度的核定，还必须考虑消防、卫生、绿化和配套设施等各方面的综合技术要求。对成片开发建设的地区应编制详细规划，重要地区应进行城市设计，并根据经批准的详细规划和城市设计所确定的建筑密度指标作为核定依据。

3. 确定建设用地范围主要是通过审核建设工程设计总平面图确定

需要说明的是，对于土地使用权有偿出让的建设用地范围，应根据经城市规划行政主管部门确认，并附有土地使用规划要求的土地使用权出让合同来确定。

4. 核定土地使用其他规划管理要求

城市规划对土地使用的要求是多方面的，除土地使用性质和土地使用强度外，还应根据城市规划核定其他规划管理要求，如建设用地内是否涉及规划道路，是否需要设置绿化隔离带等。另外，对于临时用地，应提出使用期限和控制建设的要求。

（三）建设工程规划管理

建设工程规划管理早于现代城市规划制度的建立。在现代城市规划概念产生以前，作为建设工程规划管理的雏形，在某些城市已有不同程度的规则、法令约束，通过审核发证，以保证公共卫生、公共安全、公共交通和市容景观等公共权益方面的要求。随着现代城市规划制度的建立和城市规划工作的发展，建设工程规划管理已成为城市规划管理的一个非常重要的管理环节。

建设工程类型繁多，性质各异，归纳起来可以分为建筑工程、市政管线工程和市政交通工程三大类。这三类建设工程形态不一，特点不同，城市规划实施管理需有的放矢，分类管理。下面就建筑工程规划管理、市政管线工程规划管理和市政交通工程规划管理分别加以介绍。

1. 建筑工程规划管理主要内容

（1）建筑物使用性质的控制

建筑物使用性质与土地使用性质是有关联的。在管理工作中，要对建筑物使用性质进行审核，保证建筑物使用性质符合土地使用性质相容的原则，保证城市规划布局的合理。

（2）建筑容积率和建筑密度的控制

主要根据详细规划确定的建筑容积率和建筑密度进行控制。

（3）建筑高度的控制

建筑高度应按照批准的详细规划和管理规定进行控制，应综合考虑道路景观视觉因素、文物保护或历史建筑保护单位环境控制要求、机场和电讯对建筑高度的要求，以及其他有关因素对建筑物高度进行控制。

（4）建筑间距的控制

建筑间距是建筑物与建筑物之间的平面距离。建筑物之间因消防、卫生防疫、日照、交通、空间关系以及工程管线布置和施工安全等要求，必须控制一定的间距，确保城市的公共安全、公共卫生、公共交通以及相关方面的合法权益。例如，近几年城市高层建筑增多，有些城市由于日照间距控制不严，引发了居民纠纷，影响到社会稳定。

（5）建筑退让的控制

建筑退让是指建筑物、构筑物与比邻规划控制线之间的距离要求。如拟建建筑物后退道路红线、河道蓝线、铁路线、高压电线及建设基地界线的距离。建筑退让不仅是为保证有关设施的正常运营，而且也是维护公共安全、公共卫生、公共交通和有关单位、个人的合法权益的重要方面。

（6）建设基地相关要素的控制

建设基地内相关要素涉及城市规划实施管理的有绿地率、基地出入口、停车泊位、交通组织和建设基地标高等。审核这些内容的目的是，维护城市生态环境，避免妨碍城市交通和相邻单位的排水等。

（7）建筑空间环境的控制

建筑工程规划管理，除对建筑物本身是否符合城市规划及有关法规进行审核外，还必须考虑与周围环境的关系。城市设计是帮助规划管理对建筑环境进行审核的途径，特别是对于重要地区的建设，应按城市设计的要求，对建筑物高度、体量、造型、立面、色彩进行审核。在没有进行城市设计的地区，对于较大规模或较重要建筑的造型、立面、色彩亦应组织专家进行评审，从地区环境出发，使其在更大的空间内达到最佳景观效果。同时，基地内部空间环境亦应根据基地所处的区位，合理地设置广场、绿地、户外雕塑，并同步实施。对于较大的建设工程或者居住区，还应审核其环境设计。

（8）各类公建用地指标和无障碍设施的控制

在地区开发建设的规划管理工作中，要根据批准的详细规划和有关规定，对中小学、托幼及商业服务设施的用地指标进行审核，并考虑居住区内的人口增长，留有公建和社区服务设施发展备用地，使其符合城市规划和有关规定，保证开发建设地区的公共服务设施使用和发展的要求，不允许房地产开发挤占居住区配套公建用地。同时，对于办公、商业、文化娱乐等公共建筑的相关部位，应按规定设置无障碍设施并进行审核。对于地区开发建设基地，还应对地区内的人行道是否设置残疾人轮椅坡道和盲人通道等设施进行审核，保障残疾人的权益。

（9）临时建设的控制

对于各类临时建设提出使用期限和建设要求等。

（10）综合有关专业管理部门的意见

建筑工程建设涉及有关的专业管理部门较多，有的已在各城市制定的有关管理规定中明确需征求哪些相关部门的意见。在建筑工程管理阶段比较多的是需征求消防、环保、卫生防疫、交通、园林绿化等部门的意见。有的建筑工程，应根据工程性质、规模、内容以及其所在地区环境，确定还需征求其他相关专业管理部门的意见。作为规划管理人员，对有关专业知识的主要内容，特别是涉及规划管理方面的知识，应有一定的了解，不断积累经验，以便及早发现问题，避免方案反复，达到提高办事效率的目的。

以上各项审核内容，需根据建筑工程规模和基地区位，在规划管理审核中有所侧重。

2. 市政交通工程管理的主要内容

（1）地面道路（公路）工程的规划控制

主要是根据城市道路交通规划，在管理中控制其走向、路幅宽度、横断面布置、道路标高、交叉口形式、路面结构以及广场、停车场、公交车站、收费口等相关设施的安排。

（2）高架市政交通工程的规划控制

无论是城市高架道路工程，还是城市高架轨道交通工程，都必须严格按照它们的系统规划和单项工程规划进行控制。其线路走向、控制点坐标等控制，应与其地面道路部分相一致。它们的结构、立柱的布置等要与地面道路及横向道路的交通组织相协调，并要满足地下市政管线工程的敷设要求。高架道路的上、下匝道的设置，要考虑与地面道路及横向道路的交通组织相协调。高架轨道交通工程的车站设置，要留出足够的停车场面积，方便乘客换乘。高架市政交通工程在城市中"横空出世"，要考虑城市景观的要求。高架市政交通工程还应设置有效的防治噪声、废气的设施，以满足环境保护的要求。

（3）地下轨道交通工程的规划控制

地下轨道交通工程也必须严格按照城市轨道交通系统规划及其单项工程规划进行规划控制。其线路走向除需满足轨道交通工程的相关技术规范要求外，尚应考虑保证其上部和两侧现有建筑物的结构安全；当地下轨道交通工程在城市道路下穿越时，应与相关城市道路工程相协调，并须满足市政管线工程敷设空间的需要。地铁车站工程的规划控制，必须严格按照车站地区的详细规划进行规划控制。先期建设的地铁车站工程，必须考虑系统中后期建设的换乘车站的建设要求，车站与相邻公共建筑的地下通道、出入口必须同步实施，或预留衔接构造口。地铁车站的建设应与详细规划中确定的地下人防设施、地区地下空间的综合开发工程同步实施。地铁车站附属的通风设施、变配电设施的设置，除满足其功能要求外，尚应考虑城市景观要求，体量宜小不宜大，要妥善处理好外形与环境。地铁车站附近的地面公交换乘站点、公共停车场等交通设施应与车站同步实施。与城市道路规划红线的控制一样，城市轨道交通系统规划确定的走向线路及其两侧的一定控制范围（包括车站控制范围）必须严格地进行规划控制。

（4）城市桥梁、隧道、立交桥等交通工程的规划控制

城市桥梁（跨越河道的桥梁、道路或铁路立交桥梁、人行天桥等）、隧道（含穿越河道、铁路、其他道路的隧道、人行地道等）的平面位置及形式是根据城市道路交通系统规划确定的，其断面的宽度及形式应与其衔接的城市道路相一致。桥梁下的净空应满足地区交通或通航等要求；隧道纵向标高的确定既要保证其上部河道、铁路、其他道路等设施的安全，又要考虑与其衔接的城市道路的标高。需要同时敷设市政管线的城市桥梁、隧道工程，尚应考虑市政管线敷设的特殊要求。在城市立交桥和跨河、路线桥梁的坡道两端，以及隧道进出口 30m 的范围内，不宜设置平面交叉口。城市各类桥梁结构选型及外观设计应充分注意城市景观的要求。

（5）其他

有些市政交通工程项目在施工期间，往往会影响一定范围的城市交通的正常通行。因此在其工程规划管理中还需要考虑工程建设期间的临时交通设施建设和交通管理措施的安排，以保证城市交通的正常运行。

3. 市政管线工程规划管理主要内容

市政管线是指城市各类工程管线，如给水管、雨水管、污水管，煤气管、电力和电信管线、电车缆线和各类特殊管线（如化工物料管、输油管、热力管等）。市政管线很多是地下隐蔽工程，往往被人们忽视。但如不加强管理，各类管线随意埋设，不仅不能有效地利用地下空间，还会破坏其他管线，引发矛盾，妨碍建设的协调、可持续发展。市政管线工程规划管理，就是根据城市规划实施和综合协调相关矛盾的要求，按照批准的城市规划和有关法律规范以及现场具体情况，综合平衡协调，控制走向、水平和竖向间距、埋置深度或架设高度，并处理好与相关道路施工、沿街建筑、途经桥梁、行道树等方面的关系，保证其合理布置。当市政管线埋设遇到矛盾时，原则上是非主要管线服从主要管线，临时性管线服从永久性管线，压力管线服从重力管线，可弯曲管线服从不可弯曲管线。

六、城市规划实施的监督检查

城市规划实施的监督检查对城市开发建设活动的过程监控，具有两方面的作用：其一是对违法建设行为的查处，规范建设行为；其二是通过对开发建设过程的跟踪，发现和反馈城市规划问题，以便及时调整规划。

城市规划实施的监督检查，主要包括以下内容：

（一）城市土地使用情况的监督检查

城市土地使用情况的监督检查包括两个方面：

1. 对建设工程使用土地情况的监督检查

建设单位和个人领取建设用地规划许可证后，应当按规定办妥土地征用、划拨或者受让手续，领取土地使用权属证件后方可使用土地。城市规划行政主管部门应当对建设单位和个人使用土地的性质、位置、范围、面积等进行监督检查。发现用地情况与建设用地规划许可证的规定不相符的，应当责令其改正，并依法做出处理。

2. 对规划建成地区和规划保护、控制地区规划实施情况的监督检查

城市规划行政主管部门应当对城市中建成的居住区、工业区和各类综合开发地区，以及规划划定的各类保护区、控制区及其他分区的规划控制情况进行监督检查，特别要严格

监督检查文物保护单位和历史建筑保护单位的保护范围和建筑控制地带，以及历史风貌地区（地段、街区）的核心保护区和协调区的建设控制情况。

（二）对建设活动全过程的行政检查

城市规划行政主管部门核发的建设工程规划许可证，是确认有关建设工程符合城市规划和城市规划法律规范要求的法律凭证。它确认了有关建设活动的合法性，确定了建设单位和个人的权利和义务。检查建设活动是否符合建设工程规划许可证的规定，是监督检查的重要任务之一。具体任务包括：

（1）建设工程开工前的订立红线界桩和复验灰线；

（2）施工过程中的跟踪检查；

（3）建设工程竣工后的规划验收。

（三）查处违法用地和违法建设

1. 查处违法用地

建设单位或个人未取得城市规划行政主管部门批准的建设用地规划许可证，或者未按照建设用地规划许可证核准的用地范围和使用要求使用土地的，均属违法用地。城市规划行政主管部门应当依法进行监督检查和处理。按照《中华人民共和国城市规划法》规定，建设单位或个人未取得城市规划行政主管部门批准的建设用地规划许可证，而取得土地批准文件，占用土地的，用地文件无效，占用的土地，由县级以上人民政府责令收回。

2. 查处违法建设

建设单位或者个人根据其需要，时常会未向城市规划行政主管部门申请领取建设工程规划许可证就擅自进行建设，即无证建设；或虽领取了建设工程规划许可证，但违反建设工程规划许可证的规定进行建设，即越证建设。按照城市规划法律、法规的规定，无证建设和越证建设均属违法建设。城市规划行政主管部门通过监督检查，应及时制止，并依法做出处理。例如，2000 年北京市拆除违法建设 300 万 m^2；上海在 1998～2000 年三年内拆除违法建设 300 万 m^2。

（四）对建设用地规划许可证和建设工程规划许可证的合法性进行监督检查

建设单位或者个人采取不正当的手段获得建设用地规划许可证和建设工程规划许可证的，或者私自转让建设用地规划许可证和建设工程规划许可证的，均属不合法，应当予以纠正或者撤销。城市规划行政主管部门违反城市规划法及其法律、法规的规定，核发的建设用地规划许可证和建设工程规划许可证，或者做出其他错误决定的，应当由同级人民政府或者上级城市规划行政主管部门责令其纠正，或者予以撤销。

（五）对建筑物、构筑物使用性质的监督检查

在市场经济体制和经济结构调整的条件下，随意改变建筑物规划使用性质的情况日益增多，一些建筑物使用性质的改变，对环境、交通、消防、安全等产生不良影响，也影响到城市规划的实施。对此也应进行监督检查。但目前这方面还是管理的空白，尚需研究和探索。

第五章　城市规划术语

城市规划学科涉及名词术语较多，为统一和规范用语，中华人民共和国建设部颁布了《城市规划基本术语》规范。该规范适用于城市规划的设计、管理、教学、科研及其他相关领域。本章将该规范中所列全部术语汇编于此，作为学习的参考。

第一节　城市和城市化

1. 居民点（settlement）

人类按照生产和生活需要而形成的集聚定居地点，按性质和人口规模，居民点分为城市和乡村两大类。

2. 城市（城镇）（city）

以非农产业和非农业人口聚集为主要特征的居民点。包括按国家行政建制设立的市和镇。

3. 市（municipality, city）

经国家批准设市建制的行政地域。

4. 镇（town）

经国家批准设镇建制的行政地域。

5. 市域（administrative region of a city）

城市行政管辖的全部地域。

6. 城市化（urbanization）

人类生产和生活方式由乡村型向城市型转化的历史过程，表现为乡村人口向城市人口转化以及城市不断发展和完善的过程。

又称城镇化、都市化。

7. 城市化水平（urbanization level）

衡量城市化发展程度的数量指标，一般用一定地域内城市人口占总人口的比例来表示。

8. 城市群（agglomeration）

一定地域内城市分布较为密集的地区。

9. 城镇体系（urban system）

一定区域内在经济、社会和空间发展上具有有机联系的城市群体。

10. 卫星城（卫星城镇）（satellite town）

在大城市市区外围兴建的、与市区既有一定距离，相互间又有着密切联系的城市。

第二节　城市规划概述

1. 城镇体系规划（urban system planning）

一定地域范围内，以区域生产力合理布局和城镇职能分工为依据，确定不同人口规模等级和职能分工的城镇的分布和发展规划。

2. 城市规划（urban planning）

对一定时期内城市的经济和社会发展、土地利用、空间布局以及各项建设的综合部署、具体安排和实施管理。

3. 城市设计（urban design）

对城市体型和空间环境所作的整体构思和安排，贯穿于城市规划的全过程。

4. 城市总体规划纲要（comprehensive planning outline）

确定城市总体规划的重大原则的纲领性文件，是编制城市总体规划的依据。

5. 城市规划区（urban planning area）

城市市区、近郊区以及城市行政区域内其他因城市建设和发展需要实行规划控制的区域。

6. 城市建成区（urban built-up area）

城市行政区内实际已成片开发建设、市政公用设施和公共设施基本具备的地区。

7. 开发区（development area）

由国务院和省级人民政府确定设立的实行国家特定优惠政策的各类开发建设地区的统称。

8. 旧城改建（urban redevelopment）

对城市旧区进行的调整城市结构、优化城市用地布局、改善和更新基础设施、整治城市环境、保护城市历史风貌等的建设活动。

9. 城市基础设施（urban infrastructure）

城市生存和发展所必须具备的工程性基础设施和社会性基础设施的总称。

10. 城市总体规划（comprehensive planning）

对一定时期内城市性质、发展目标、发展规模、土地利用、空间布局以及各项建设的综合部署和实施措施。

11. 分区规划（district planning）

在城市总体规划的基础上，对局部地区的土地利用、人口分布、公共设施、城市基础设施的配置等方面所作的进一步安排。

12. 近期建设规划（immediate plan）

在城市总体规划中，对短期内建设目标、发展布局和主要建设项目的实施所作的安排。

13. 城市详细规划（detailed plan）

以城市总体规划或分区规划为依据，对一定时期内城市局部地区的土地利用、空间环境和各项建设用地所作的具体安排。

14. 控制性详细规划（regulatory plan）

以城市总体规划或分区规划为依据，确定建设地区的土地使用性质和使用强度的控制指标、道路和工程管线控制性位置以及空间环境控制的规划要求。

15. 修建性详细规划（site plan）

以城市总体规划、分区规划或控制性详细规划为依据，制订用以指导各项建筑和工程设施的设计和施工的规划设计。

16. 城市规划管理（urban planning administration）

城市规划编制、审批和实施等管理工作的统称。

第三节　城市规划编制

1. 城市发展战略（strategy for urban development）

对城市经济、社会、环境的发展所作的全局性、长远性和纲领性的谋划。

2. 城市职能（urhan function）

城市在一定地域内的经济、社会发展中所发挥的作用和承担的分工。

3. 城市性质（designated function of city）

城市在一定地区、国家以至更大范围内的政治、经济与社会发展中所处的地位和所担负的主要职能。

4. 城市规模（city size）

以城市人口和城市用地总量所表示的城市大小。

5. 城市发展方向（direction for urban development）

城市各项建设规模扩大所引起的城市空间地域扩展的主要方向。

6. 城市发展目标（goal for urban development）

在城市发展战略和城市规划中所拟定的一定时期内城市经济、社会、环境的发展所应达到的目的和指标。

7. 城市人口结构（urban population structure）

一定时期内城市人口按照性别、年龄、家庭、职业、文化、民族等因素的构成状况。

8. 城市人口年龄构成（age composition）

一定时间城市人口按年龄的自然顺序排列的数列所反映的年龄状况，以年龄的基本特征划分的各年龄组人数占总人口的比例表示。

9. 城市人口增长（urban population growth）

在一定时期内由出生、死亡和迁人、迁出等因素的消长，导致城市人口数量增加或减少的变动现象。

10. 城市人口增长率（urban population growth rate）

一年内城市人口增长的绝对数量与同期该城市年平均总人口数之比。

11. 城市人口自然增长率（natural growth rate of population）

一年内城市人口因出生和死亡因素的消长，导致人口增减的绝对数量与同期该城市年平均总人口数之比。

12. 城市人口机械增长率（mechanical growth rate of population）

一年内城市人口因迁入和迁出因素的消长，导致人口增减的绝对数量与同期该城市年平均总人口数之比。

13. 城市人口预测（urban population forecast）

对未来一定时期内城市人口数量和人口构成的发展趋势所进行的测算。

14. 城市用地（urban land）

按城市中土地使用的主要性质划分的居住用地、公共设施用地、工业用地、仓储用地、对外交通用地、道路广场用地、市政公用设施用地、绿地、特殊用地、水域和其他用地的统称。

15. 居住用地（residential land）

在城市中包括住宅及相当于居住小区及小区级以下的公共服务设施、道路和绿地等设施的建设用地。

16. 公共设施用地（public facilities）

城市中为社会服务的行政、经济、文化、教育、卫生、体育、科研及设计等机构或设施的建设用地。

17. 工业用地（industrial land）

城市中工矿企业的生产车间、库房、堆场、构筑物及其附属设施（包括其专用的铁路、码头和道路等）的建设用地。

18. 仓储用地（warehouse land）

城市中仓储企业的库房、堆场和包装加工车间及其附属设施的建设用地。

19. 对外交通用地（intercity transportation land）

城市对外联系的铁路、公路、管道运输设施、港口、机场及其附属设施的建设用地。

20. 道路广场用地（roads and squares）

城市中道路、广场和公共停车场等设施的建设用地。

21. 市政公用设施用地（municipal utilities）

城市中为生活及生产服务的各项基础设施的建设用地，包括：供应设施、交通设施、邮电设施、环境卫生设施、施工与维修设施、殡葬设施及其他市政公用设施的建设用地。

22. 绿地（green space）

城市中专门用以改善生态、保护环境、为居民提供游憩场地和美化景观的绿化用地。

23. 特殊用地（specially-designated land）

一般指军事用地、外事用地及保安用地等特殊性质的用地。

24. 水域和其他用地（waters and miscellaneous）

城市范围内包括耕地、园地、林地、牧草地、村镇建设用地、露天矿用地和弃置地，以及江、河、湖、海、水库、苇地、滩涂和渠道等常年有水或季节性有水的全部水域。

25. 保留地（reserved land）

城市中留待未来开发建设的或禁止开发的规划控制用地。

26. 城市用地评价（urban landuse evaluation）

根据城市发展的要求，对可能作为城市建设用地的自然条件和开发的区位条件所进行的工程评估及技术经济评价。

27. 城市用地平衡（urban landuse balance）

根据城市建设用地标准和实际需要，对各类城市用地的数量和比例所作的调整和综合平衡。

28．城市结构（urban structure）

构成城市经济、社会、环境发展的主要要素，在一定时间形成的相互关联、相互影响与相互制约的关系。

29．城市布局（urban layout）

城市土地利用结构的空间组织及其形式和状态。

30．城市形态（urban morphology）

城市整体和内部各组成部分在空间地域的分布状态。

31．城市功能分区（functional districts）

将城市中各种物质要素，如住宅、工厂、公共设施、道路、绿地等按不同功能进行分区布置组成一个相互联系的有机整体。

32．工业区（industrial district）

城市中工业企业比较集中的地区。

33．居住区（residential district）

城市中由城市主要道路或自然分界线所围合，设有与其居住人口规模相应的、较完善的、能满足该区居民物质与文化生活所需的公共服务设施：的相对独立的、居住生活聚居地区。

34．商业区（commercial district）

城市中市级或区级商业设施比较集中的地区。

35．文教区（institutes and colleges district）

城市中大专院校及科研机构比较集中的地区。

36．中心商务区（central business district）（CBD）

大城市中金融、贸易、信息和商务办公活动高度集中，并附有购物、文娱、服务等配套设施的城市综合经济活动的核心地区。

37．仓储区（warehouse district）

城市中为储藏城市生活或生产资料而比较集中布置仓库、储料棚或储存场地的独立地区或地段。

38．综合区（mixed—use district）

城市中根据规划可以兼容多种不同使用功能的地区。

39．风景区（scenic zone）

城市范围内自然景物、人文景物比较集中，以自然景物为主体，环境优美，具有一定规模，可供人们游览、休息的地区。

40．市中心（civic center）

城市中重要市级公共设施比较集中、人群流动频繁的公共活动地段。

41．副中心（sub—civic center）

城市中为分散市中心活动强度的、辅助性的次于市中心的市级公共活动中心。

42．居住区规划（residential district planning）

对城市居住区的住宅、公共设施、公共绿地、室外环境、道路交通和市政公用设施所进行的综合性具体安排。

43. 居住小区（residential quarter）

城市中由居住区级道路或自然分界线所围合，以居民基本生活活动不穿越城市主要交通线为原则，并设有与其居住人口规模相应的、满足该区居民基本的物质与文化生活所需的公共服务设施的居住生活聚居地区。

44. 居住组团（housing cluster）

城市中一般被小区道路分隔，设有与其居住人口规模相应的、居民所需的基层公共服务设施的居住生活聚居地。

45. 城市交通（urban transportation）

城市范围内采用各种运输方式运送人和货物的运输活动，以及行人的流动。

46. 城市对外交通（intercity transportation）

城市与城市范围以外地区之间采用各种运输方式运送旅客和货物的运输活动。

47. 城市交通预测（urban transportation forecast）

根据规划期末城市的人口和用地规模、土地使用状况和社会、经济发展水平等因素，对客、货运输的发展趋势、交通方式的构成、道路的交通量等进行定性和定量的分析估算。

48. 城市道路系统（urban road system）

城市范围内由不同功能、等级、区位的道路，以及不同形式的交叉口和停车场设施，以一定方式组成的有机整体。

49. 城市道路网（urban road network）

城市范围内由不同功能、等级、区位的道路，以一定的密度和适当的形式组成的网络结构。

50. 快速路（express way）

城市道路中设有中央分隔带，具有四条以上机动车道，全部或部分采用立体交叉与控制出入，供汽车以较高速度行驶的道路。又称汽车专用道。

51. 城市道路网密度（density of urban road network）

城市建成区或城市某一地区内平均每平方公里城市用地上拥有的道路长度。

52. 大运量快速交通（mass rapid transit）

城市地区采用地面、地下或高架交通设施，以机动车辆大量、快速、便捷运送旅客的公共交通运输系统。

53. 步行街（pedestrian street）

专供步行者使用，禁止通行车辆或只准通行特种车辆的道路。

54. 城市给水（water supply）

由城市给水系统对城市生产、生活、消防和市政管理等所需用水进行供给的给水方式。

55. 城市用水（water consumption）

城市生产、生活、消防和市政管理等活动所需用水的统称。

56. 城市给水工程（water supply engineering）

为城市提供生产、生活等用水而兴建的，包括原水的取集、处理以及成品水输配等各项工程设施。

57．给水水源（water sources）

给水工程取用的原水水体。

58．水源选择（water sources selection）

根据城市用水需求和给水工程设计规范，对给水水源的位置、水量、水质及给水工程设施建设的技术经济条件等进行综合评价，并对不同水源方案进行比较，作出方案选择。

59．水源保护（protection of water sources）

保护城市给水水源不受污染的各种措施。

60．城市给水系统（water supply system）

城市给水的取水、水质处理、输水和配水等工程设施以一定方式组成的总体。

61．城市排水（sewerage）

由城市排水系统收集、输送、处理和排放城市污水和雨水的排水方式。

62．城市污水（sewage）

排入城市排水系统中的生活污水、生产废水、生产污水和径流污水的统称。

63．生活污水（domestic sewage）

居民在工作和生活中排出的受一定污染的水。

64．生产废水（industrial wastewater）

生产过程中排出的未受污染或受轻微污染以及水温稍有升高的水。

65．生产污水（polluted industrial wastewater）

生产过程中排出的被污染的水，以及排放后造成污染的水。

66．城市排水系统（sewerage system）

城市污水和雨水的收集、输送、处理和排放等工程设施以一定方式组成的总体。

67．分流制（separate system）

用不同管渠分别收集和输送城市污水和雨水的排水方式。

68．合流制（combined system）

用同一管渠收集和输送城市污水和雨水的排水方式。

69．城市排水工程（sewerage engineering）

为收集、输送、处理和排放城市污水和雨水而兴建的各种工程设施。

70．污水处理（sewage treatment，wastewater treatment）

为使污水达到排入某一水体或再次使用的水质要求而进行净化的过程。

71．城市供电电源（power source）

为城市各种用户提供电能的城市发电厂，或从区域性电力系统接受电能的电源变电站（所）。

72．城市用电负荷（electrical load）

城市市域或局部地区内，所在用户在某一时刻实际耗用的有功功率。

73．高压线走廊（high tension corridor）

高压架空输电线路行经的专用通道。

74．城市供电系统（power supply system）

由城市供电电源、输配电网和电能用户组成的总体。

75．城市通信（communication）

城市范围内、城市与城市之间、城乡之间各种信息的传输和交换。

76. 城市通信系统（communication system）

城市范围内、城市与城市之间、城乡之间信息的各个传输交换系统的工程设施组成的总体。

77. 城市集中供热（district heating）

利用集中热源，通过供热管网等设施向热能用户供应生产或生活用热能的供热方式，又称区域供热。

78. 城市供热系统（district heating system）

由集中热源、供热管网等设施和热能用户使用设施组成的总体。

79. 城市燃气（gas）

供城市生产和生活作燃料使用的天然气、人工煤气和液化石油气等气体能源的统称。

80. 城市燃气供应系统（gas supply system）

由城市燃气供应源、燃气输配设施和用户使用设施组成的总体。

81. 城市绿化（urban afforestation）

城市中栽种植物和利用自然条件以改善城市生态、保护环境，为居民提供游憩场地，和美化城市景观的活动。

82. 城市绿地系统（urban green space system）

城市中各种类型和规模的绿化用地组成的整体。

83. 公共绿地（public green space）

城市中向公众开放的绿化用地，包括其范围内的水域。

84. 公园（park）

城市中具有一定的用地范围和良好的绿化及一定服务设施，供大众游憩的公共绿地。

85. 绿带（green belt）

在城市组团之间、城市周围或相邻城市之间设置的用以控制城市扩展的绿色开敞空间。

86. 专用绿地（specified green space）

城市中行政、经济、文化、教育、卫生、体育、科研、设计等机构或设施，以及工厂和部队驻地范围内的绿化用地。

87. 防护绿地（green buffer）

城市中用于具有卫生、隔离和安全防护功能的林带及绿化用地。

88. 城市生态系统（city ecosystem）

在城市范围内，由生物群落及其生存环境共同组成的动态系统。

89. 城市生态平衡（balance of city ecosystem）

在城市范围内生态系统发展到一定阶段，其构成要素之间的相互关系所保持的一种相对稳定的状态。

90. 城市环境污染（city environmental pollution）

在城市范围内，由于人类活动造成的水污染、大气污染、固体废弃物污染、噪声污染，热污染和放射污染等的总称。

91. 城市环境质量（city environmental quality）

在城市范围内，环境的总体或环境的某些要素（如大气、水体等），对人群的生存和繁衍以及经济、社会发展的适宜程度。

92．城市环境质量评价（city environmental quality assessment）

根据国家为保护人群健康和生存环境，对污染物（或有害因素）容许含量（或要求）所作的规定，按一定的方法对城市的环境质量所进行的评定、说明和预测。

93．城市环境保护（city environmental protection）

在城市范围内，采取行政的、法律的、经济的、科学技术的措施，以求合理利用自然资源，防治环境污染，以保持城市生态平衡，保障城市居民的生存和繁衍以及经济、社会发展具有适宜的环境。

94．历史文化名城（historic city）

经国务院或省级人民政府核定公布的，保存文物特别丰富、具有重大历史价值和革命意义的城市。

95．历史地段（historic site）

城市中文物古迹比较集中连片，或能完整地体现一定历史时期的传统风貌和民族地方特色的街区或地段。

96．历史文化保护区（conservation districts of historic sites）

经县级以上人民政府核定公布的，应予以重点保护的历史地段。

97．历史地段保护（conservation of historic sites）

对城市中历史地段及其环境的鉴定、保存、维护、整治以及必要的修复和复原的活动。

98．历史文化名城保护规划（conservation plan of historic）

以确定历史文化名城保护的原则、内容和重点，划定保护范围，提出保护措施为主要内容的规划。

99．城市防灾（urban disaster prevention）

为抵御和减轻各种自然灾害和人为灾害及由此而引起的次生灾害，对城市居民生命财产和各项工程设施造成危害和损失所采取的各种预防措施。

100．城市防洪（urban flood control）

为抵御和减轻洪水对城市造成灾害而采取的各种工程和非工程预防措施。

101．城市防洪标准（flood control standard）

根据城市的重要程度、所在地域的洪灾类型，以及历史性洪水灾害等因素，而制定的城市防洪的设防标准。

102．城市防洪工程（flood control works）

为抵御和减轻洪水对城市造成灾害性损失而兴建的各种工程设施。

103．城市防震（earthquake hazard protection）

为抵御和减轻地震灾害及由此而引起的次生灾害，而采取的各种预防措施。

104．城市消防（urban fire control）

为预防和减轻因火灾对城市造成损失而采取的各种预防和减灾措施。

105．城市防空（urban air defense）

为防御和减轻城市因遭受常规武器、核武器、化学武器和细菌武器等空袭而造成危害

143

和损失所采取的各种防御和减灾措施。

106. 竖向规划（vertical planning）

城市开发建设地区（或地段）为满足道路交通、地面排水、建筑布置和城市景观等方面的综合要求，对自然地形进行利用、改造，确定坡度、控制高程和平衡土方等而进行的规划设计。

107. 城市工程管线综合（integrated design for utilities pipelines）

统筹安排城市建设地区各类工程管线的空间位置，综合协调工程管线之间以及与城市其他各项工程之间的矛盾所进行的规划设计。

第四节　城市规划管理

1. 城市规划法规（legislation on urban plann）

按照国家立法程序所制定的关于城市规划编制、审批和实施管理的法律、行政法规、部门规章、地方法规和地方规章的总称。

2. 规划审批程序（procedure for approval of urban plan）

对已编制完成的城市规划，依据城市规划法规所实行的分级审批过程和要求。

3. 城市规划用地管理（urban planning land use administration）

根据城市规划法规和批准的城市规划，对城市规划区内建设项目用地的选址、定点和范围的划定，总平面审查，核发建设用地规划许可证等各项管理工作的总称。

4. 选址意见书（permission notes for location）

城市规划行政主管部门依法核发的有关建设项目的选址和布局的法律凭证。

5. 建设用地规划许可证（land use permit）

经城市规划行政主管部门依法确认其建设项目位置和用地范围的法律凭证。

6. 城市规划建设管理（urban planning and development control）

根据城市规划法规和批准的城市规划，对城市规划区内的各项建设活动所实行的审查、监督检查以及违法建设行为的查处等各项管理工作的统称。

7. 建设工程规划许可证（building permit）

城市规划行政主管部门依法核发的有关建设工程的法律凭证。

8. 建筑面积密度（total floor space per hectare plot）

每公顷建筑用地上容纳的建筑物的总建筑面积。

9. 容积率（plot ratio，floor area ratio）

一定地块内，总建筑面积与建筑用地面积的比值。

10. 建筑密度（building density，building coverage）

一定地块内所有建筑物的基底总面积占用地面积的比例。

11. 道路红线（boundary lines of roads）

规划的城市道路路幅的边界线。

12. 建筑红线（building line）

城市道路两侧控制沿街建筑物或构筑物（如外墙、台阶等）靠临街面的界线，又称建筑控制线。

13．人口毛密度（residential density）

单位居住用地上居住的人口数量。

14．人口净密度（net residential density）

单位住宅用地上居住的人口数量。

15．建筑间距（building interval）

两栋建筑物或构筑物外墙之间的水平距离。

16．日照标准（insolation standard）

根据各地区的气候条件和居住卫生要求确定的，居住建筑正面向阳房间在规定的日照标准日获得的日照量，是编制居住区规划确定居住建筑间距的主要依据。

17．城市道路面积率（urban road area ratio）

城市一定地区内，城市道路用地总面积占该地区总面积的比例。

18．绿地率（greening rate）

城市一定地区内各类绿化用地总面积占该地区总面积的比例。

主要参考文献

1. （美）凯文·林奇. 城市形态. 林庆怡，陈朝晖，邓华译. 北京：华夏出版社，2002

2. （英）迈克·詹克斯，伊丽莎白·伯顿，凯蒂·威廉姆斯. 紧缩城市. 周玉鹏，龙洋，楚先锋译. 北京：中国建筑工业出版社，2004

3. （英）克利夫·芒福汀. 绿色尺度. 陈贞，高文艳译. 北京：中国建筑工业出版社，2004

4. （美）约翰·M·利维. 现代城市规划. 张景秋等译. 北京：中国人民大学出版社，2003

5. （美）刘易斯·芒福德. 城市发展史. 宋俊岭，倪文彦译. 北京：中国建筑工业出版社，2005

6. 李德华. 城市规划原理. 北京：中国建筑工业出版社，2001

7. 建设部城乡规划司. 城市规划决策概论. 北京：中国建筑工业出版社，2003

8. 全国城市规划执业制度管理委员会. 城市规划原理. 北京：中国建筑工业出版社，2000

9. 全国城市规划执业制度管理委员会. 城市规划实务. 北京：中国建筑工业出版社，2000

10. 唐恢一. 城市学. 哈尔滨：哈尔滨工业大学出版社，2001

11. 黄光宇，陈勇. 生态城市理论与规划设计方法. 北京：科学出版社，2002

12. 庄林德，张京祥. 中国城市发展与建设史. 南京：东南大学出版社，2002

13. 郝娟. 西欧城市规划理论与实践. 天津：天津大学出版社，1997

14. 沈清基. 城市生态与城市环境. 上海：同济大学出版社，1998

15. 赵民，赵蔚. 社区发展规划. 北京：中国建筑工业出版社，2003

16. 雷翔. 走向制度化的城市规划决策. 北京：中国建筑工业出版社，2003

17. 吴志强. 城市规划核心法的国际比较研究. 国外城市规划，2000（1）

18. 唐子来. 英国城市规划核心法的历史演进过程. 国外城市规划，2000（1）

19. 孙晖，梁江. 美国的城市规划法规体系. 国外城市规划，2000（1）

20. 吴唯佳. 德国城市规划核心法的发展、框架与组织. 国外城市规划，2000（1）

21. 中华人民共和国建设部. 城市居住区规划设计规范. 北京：中国建筑工业出版社，2002

22. 中华人民共和国建设部. 城市道路交通规划设计规范. 北京：中国建筑工业出版社，2004

23. 中华人民共和国建设部. 城市规划基本术语标准. 北京：中国建筑工业出版社，2004

24. 中华人民共和国建设部. 城市居住区规划设计规范. 北京：中国建筑工业出版社，2002

25. http：//www. bjghw. gov. cn/ztgh/北京城市总体规划

26. http：//www. fsgh. gov. cn/csgh/ztgh/佛山市城市总体规划

27. http：//www. nbplan. gov. cn/cn/阳光规划/重要城市规划公示/宁波市城市总体规划

28. http：//www. upo. gov. cn/UPOWeb2003dotNet/规划公示/广州地区高校新区规划